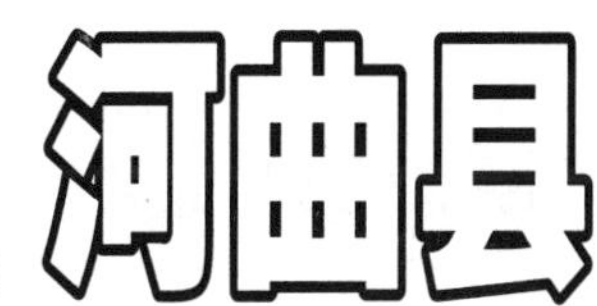

耕地地力评价与利用

康 宇 主编

中国农业出版社
北 京

内容简介

本书是对山西省河曲县耕地地力调查与评价成果的集中反映，是在充分应用“3S”技术进行耕地地力调查并应用模糊数学方法进行成果评价的基础上，首次对河曲县耕地资源历史、现状及问题进行了分析、探讨，并应用大量调查分析数据对河曲县耕地地力、中低产田地力、耕地环境质量和测土配方施肥等做了深入细致的分析。揭示了河曲县耕地资源的本质及目前存在的问题，提出了耕地资源合理改良利用意见，为各级农业科技工作者、各级农业决策者制订农业发展规划，调整农业产业结构，加快绿色、无公害农产品基地建设步伐，保证粮食生产安全，科学施肥，退耕还林还草，进行节水农业、生态农业以及农业现代化、信息化建设提供了科学依据。

本书共八章。第一章：自然与农业生产概况；第二章：耕地地力调查与质量评价的内容和方法；第三章：耕地土壤属性；第四章：耕地地力评价；第五章：中低产田类型、分布及改良利用；第六章：果园土壤质量状况及培肥对策；第七章：耕地地力评价与测土配方施肥；第八章：耕地地力调查与质量评价的应用研究。

本书适宜农业及从事农业技术推广与农业生产管理的人员阅读。

编写人员名单

主　　编： 康　宇

副 主 编： 王常满

编写人员（按姓氏笔画排序）：

丁　力　于喜东　王　应　王远东　王常满
田洪泉　史国庆　白占良　白富丽　兰晓庆
吕　敏　任宏伟　刘红霞　杜福柱　杨文华
张君伟　赵建明　柳晓瑞　侯有山　贺　存
贺玉柱　郭利军　康　宇　韩晓丽　薛明喜

农业是国民经济的基础，农业发展是国计民生的大事。为适应我国农业发展的需要，确保粮食安全和增强我国农产品竞争的能力，促进农业结构战略性调整和优质、高产、高效、生态农业的发展，针对当前我国耕地土壤存在的突出问题，在农业部精心组织和部署下，2007 年河曲县成为第二批测土配方施肥项目县。在山西省土壤肥料工作站、山西农业大学环境资源学院、太原市土壤肥料工作站、河曲县农业局和河曲县土壤肥料工作站科技人员的共同努力下，根据《测土配方施肥技术规范》积极开展测土配方施肥工作，同时认真实施耕地地力调查与评价，至 2009 年完成了河曲县耕地地力调查与评价工作。通过耕地地力调查与评价工作的开展，摸清了河曲县耕地地力状况，查清了影响当地农业生产持续发展的主要制约因素，建立了河曲县耕地地力评价体系，提出了河曲县耕地资源合理配置及耕地适宜种植、科学施肥及土壤退化修复的意见和方法，初步构建了河曲县耕地资源信息管理系统。这些成果为全面提高河曲县农业生产水平，实现耕地质量计算机动态监控管理，适时提供辖区内各个耕地基础管理单元土、水、肥、气、热状况及调节措施提供了基础数据平台和管理依据。同时，也为各级农业决策者制订农业发展规划，调整农业产业结构，加快无公害、绿色食品基地建设步伐，保证粮食生产安全以及促进农业现代化建设提供了第一手资料和最直接的科学依据，亦为今后大面积开展耕地地力调查与评价工作，实施耕地综合生产能力建设，发展旱作节水农业、测土配方施肥及其他农业新技术普及工作提供了技术支撑。

《河曲县耕地地力评价与利用》一书，系统地介绍了耕地资源评价的方法与内容，应用大量的调查分析资料，分析研究了河曲县耕地资源的利用现状及问题，提出了合理利用的对策和建议。该书集理论指导性和实际应用性为一体，是一本值得推荐的实用技术读物。可以肯定，该书的出版将对河曲县耕地的培肥和保养、耕地资源的合理配置、农业结构调整及提高农业综合生产能力起到积极的促进作用。

王高勇

2018年1月

前言

耕地是人类获取粮食及其他农产品最重要、不可替代、不可再生的资源，是人类赖以生存和发展的最基本的物质基础，是农业发展必不可少的根本保障。中华人民共和国成立以来，山西省河曲县先后开展了两次土壤普查。两次土壤普查工作的开展，为河曲县国土资源的综合利用、施肥制度改革、粮食生产安全做出了重大贡献。近年来，随着农村经济体制的改革以及人口、资源、环境与经济发展矛盾的日益突出，农业种植结构、耕作制度、作物品种、产量水平，肥料、农药使用等方面均发生了巨大变化，产生了诸多如耕地数量锐减、土壤退化污染、水土流失等问题。针对这些问题，开展耕地地力评价工作是非常及时、必要和有意义的。特别是对耕地资源合理配置、农业结构调整、保证粮食生产安全、实现农业可持续发展有着非常重要的意义。

河曲县耕地地力评价工作，于 2007 年 6 月底开始到 2009 年 9 月结束，完成了河曲县 9 乡 4 镇、340 个村民委员会、62.53 万亩① 耕地的调查与评价任务。3 年共采集土样 5 800 个，调查访问了 300 个农户的农业生产、土壤生产性能、农田施肥水平等情况；完成了常规化验 5 800 份，中微量元素化验 1 500 份，获得大量有效数据；认真填写了采样地块登记表和农户调查表，完成了数据收集、分析和计算机录入工作，建立了土壤数据库；基本查清了河曲县耕地地力、土壤养分、土壤障碍因素状况，划定了河曲县农产品种植区域；建立了较为完善的、可操作性强的、科技含量高的河曲县耕地地力评价体系，并充分应用 GIS、GPS 技术初步构筑了河曲县耕地资源信息管理系统；提出了河曲县耕地保护、地力培肥、耕地适宜

① 亩为非法定计量单位，1 亩=1/5 公顷。

种植、科学施肥及土壤退化修复办法等，形成了具有生产指导意义的多幅数字化成果图。收集资料之广泛、调查数据之系统、成果内容之全面是前所未有的。这些成果为全面提高农业工作者的管理水平，实现耕地质量计算机动态监控管理，适时提供辖区内各个耕地基础管理单元土、水、肥、气、热状况及调节措施提供了基础数据平台和管理依据。同时，也为各级农业决策者制订农业发展规划，调整农业产业结构，加快无公害、绿色食品基地建设步伐，保证粮食生产安全，进行耕地资源合理改良利用，科学施肥以及退耕还林、节水农业、生态农业、农业现代化建设提供了第一手资料和最直接的科学依据。

为了将调查与评价成果尽快应用于农业生产，在全面总结河曲县耕地地力评价成果的基础上，引用大量成果应用实例和第二次土壤普查、土地详查有关资料，编写了《河曲县耕地地力评价与利用》一书。首次比较全面系统地阐述了河曲县耕地资源类型、分布、地理与质量基础 、利用状况、改善措施等，并将近年来农业推广工作中的大量成果资料录入其中，从而增加了该书的可读性和可操作性。

在书本编写的过程中，承蒙山西省土壤肥料工作站、山西农业大学、太原市土壤肥料工作站、河曲县农业局和河曲县土壤肥料工作站技术人员的热忱帮助和大力支持，特别是河曲县土壤肥料工作站广大工作人员在土样采集、农户调查、数据库建设及编写工作等方面做了大量的工作，在此一并致谢。

编　者

2018年1月

目录

第一章　自然与农业生产概况

第一节　自然与农村经济概况

一、地理位置与行政区划

河曲县战国属赵，汉属太原，南北朝时属北魏，唐属太原，古名荧台，亦称九曲黄龙湾。五代北汉置雄勇镇；宋太平兴国七年（982年）建火山军，宋治平四年（1067年）置火山县；金贞元元年（1153年）置河曲县，大定二十二年（1182年）升为州，名为隩州；明洪武二年复置河曲县。

河曲县位于山西省西北部，黄河中游地区。西临黄河与陕西省府谷县、内蒙古自治区准格尔旗隔河相望，东与五寨县相连，北与偏关县接壤，南与保德县、岢岚县毗邻。地理坐标为：东经111°07′～111°37′，北纬38°54′～39°27′。东西宽43.5千米，南北长61千米，国土总面积为1 329.30平方千米。全县最高海拔为1 637米，最低海拔为836米。

河曲县共辖13个乡（镇）、340个村，2009年末农户38 494户，全县总人口14.55万人。其中，农业人口11.742 3万人，占总人口的80.71%。详细情况见表1-1。

表1-1　河曲县2009年末行政区划与人口情况

乡（镇）	总人口（人）	村民委员会（个）	村民小组	自然村（个）
文笔镇	37 115	14	53	23
楼子营镇	8 784	17	25	33
刘家塔镇	15 447	32	59	32
巡镇镇	19 092	28	53	28
鹿固乡	9 431	27	27	27
单寨乡	6 751	27	27	30
土沟乡	4 436	22	23	23
前川乡	6 397	23	40	23
旧县乡	9 427	26	38	29
沙坪乡	7 151	33	33	34
社梁乡	80 14	26	43	25
沙泉乡	10 292	43	43	43
赵家沟乡	3 155	22	22	22
总计	145 492	340	486	372

二、土地资源概况

据2009年统计资料显示，河曲县国土总面积为1 329.30平方千米（折合199.4万亩）。其中，平川区为106.8平方千米，占总面积的8.03%；丘陵区为612.2平方千米，占46.05%；山区为610.3平方千米，占45.92%。已利用土地面积为1 667 255.2亩，占总土地面积的83.62%。在已利用的土地中，耕地面积625 330亩，占已利用土地面积的37.51%。在耕地中水田面积45 000亩，占耕地面积的7.2%。宜林地面积325 154.9亩，占已利用土地面积的19.5%；园林面积6 309.9亩，占已利用土地面积的0.38%；宜牧面积554 552.9亩，占已利用土地面积的33.26%；居民点及工矿用地58 901.5亩，占已利用土地面积的3.53%；交通用地面积33 137.2亩，占已利用土地面积的1.99%；水域面积63 868.9亩，占已利用土地面积的3.83%。未利用土地面积为326 698.8亩，占已利用土地面积的16.38%。

河曲县地形呈东南高、西北低，地势由东南向西北倾斜。黄河自北向南流经5个乡（镇）、38个村，流程76千米。境内沟壑纵横，地面破碎，山高坡陡，梁峁起伏，草木稀少，土质疏松，水土流失十分严重。地貌类型大体可分为东南部土石山区，中部黄土丘陵沟壑区，丘陵末端缓坡平台区；西部黄河川谷阶地区。县境内海拔最高处是赵家沟乡赵家沟村的翠峰山，为1 637米；最低处是巡镇镇石梯子村的河滩地，为836米。

河曲县土壤共分栗褐土和潮土两大土类，6个亚类，21个土属，25个土种；两大土类中以栗褐土为主，面积占98.08%，其次为潮土，面积占1.92%。在各类土壤中，宜农土壤比重大，适种性广，有利于农、林、牧业的全面发展。

三、自然气候与水文地质

（一）气候

河曲县地处中纬度温带大陆性季风气候区，其特点是一年四季分明。冬季漫长寒冷少雪，春季温暖干燥多风，夏季炎热雨量集中，秋季短促气候凉爽。

1. 气温 年平均气温为6.8～8.8℃，1月份最冷，平均气温－10.6℃，极端最低气温－26.9℃（1971年1月20日）；7月份最热，平均气温为23.6℃，极端最高气温为38.2℃（1966年7月23日）。＞0℃积温为4 820℃，日平均气温稳定通过0℃的初期，平川区和丘陵区在3月中旬，山区在3月下旬；终期在11月上旬末。初终期间日数在235～248天。日平均气温稳定通过10℃的初期，平川丘陵区在4月中下旬，山区在5月初；终期平川丘陵区在10月上旬，山区在9月底。稳定在10℃以上的积温，平川区、丘陵区在3 043～3 392℃，山区在2 729～2 750℃

2. 地温 随着气温的变化，土壤温度也相应发生变化。20厘米深的年平均土温为10.6℃，略高于气温；8月份最高为26.3℃，1月份最低为－2.5℃。通常11月中旬封冻，3月份解冻，极端冻土深度为150厘米。

3. 日照　年平均日照时数为 2 855.7 小时，最长为 3 190.0 小时（1965 年），最短为 2 552.9 小时（1963 年）；5 月份日照时数最多，平均为 242.6 小时，2 月份最少，平均为 159.8 小时。

4. 降水量　年平均降水量为 446.5 毫米，但年季变化很大。1967 年曾达 715.3 毫米；少雨的 1965 年仅有 211.4 毫米。东南部山区降水偏多，平川地区偏少，河曲县除因地形因素分布不均外，四季降水也明显不均。降水一般集中在 6 月、7 月、8 月这 3 个月，夏季（6～8 月）占全年降水量的 63%；冬季 12 月至翌年 3 月的降水只占全年降水量的 2%；春季3～5 月占 13%；秋季 9～11 月占 22%。降水特点为：夏季不仅降雨集中，而且多降暴雨。

5. 蒸发量　蒸发量大于降水量是河曲县半干旱大陆性季风气候的显著特点。年平均蒸发量为 1 805.4 毫米，是年降水量的 4 倍。5 月、6 月份蒸发量最大，为 240～300 毫米；1 月和 12 月份最小，在 45 毫米左右。1965 年最大，蒸发量为 2 000.5 毫米；1970 年最小，为 1 128.6毫米。降水少、蒸发大，是造成河曲县“十年九旱”气候特点的重要原因，最大冻土层深度 150 厘米，基本风压 32 千克/平方米，基本雪压 19 千克/平方米，地震基本裂度 7°。

（二）成土母质

1. 地质及母岩母质与土壤　母质是形成土壤的物质基础，在分类上是划分土属的主要依据。母质明显影响土壤发育的阶段和速度，还能影响土壤的质地及肥力特征。

地质及土壤母质概况：河曲县地质构造甚为简单，大的断层少见，地层一般平缓，呈波浪式。岩层走向总的趋势是倾向黄河，断层走向大致和岩层走向平行。河曲县位于河东煤田北端，出露地层从东到西，由老到新主要有古生界奥陶系、石炭系、二叠系，新生界的第三系、第四系地层等。

①奥陶系。中统（O_2）：岩石主要有石灰岩和泥质灰岩。主要分布于河曲县东部的南也和南部的翠峰山等土石山地，旧县至红崖峁的县川河两侧和刘家塔的沟谷下部。

②石炭系。中统上统（C_2+C_3）：岩石主要有山西式铁矿铝土，灰白、灰黄色砂岩、灰色砂质页岩、石灰岩及煤层。主要分布于本县西部各沟谷地带。

③二叠系。上石盒子组（P_2S），岩石有紫红色、黄绿色、灰色砂页岩；下石盒子组（P_1）：有黄绿色砂页岩；山西组（P_1S）有灰白、灰黄色砂页岩，黑灰色炭质页及煤层；石千峰组（P_2SK）主要岩石有紫红色砂页岩互层，主要分布于河曲县西部各沟谷下部及黄河边坡上。

④新第三系保德组（N1/2）。保德红黏土零星分布于各丘陵下部及沟壑两侧。

⑤第四系中更新统离石组（Q_2）。红黄土主要出露于河曲县中部的一些沟梁下部。

⑥第四系上更新统马兰组（Q_3）。马兰黄土在河曲县呈大面积分布，是河曲县土壤的主要成土母质。

⑦第四系全新统（Q）。为近代冲积、洪积物，分布于黄河沿岸阶地，及丘陵区各沟谷底部。（O）为近代风积沙土，零星分布于一些丘陵梁峁的背风坡上。

2. 母质因素与土壤形成　鉴于以上母质类型所述，河曲县发育于不同母质类型上的土壤就各有差异。如发育于黄土母质上的灰褐土性。黄土质山地灰褐土、黄土质淡灰褐土，土壤就结构疏松，土性软绵，富含碳酸钙。而发育于红土母质上的灰褐土性土就结构紧密，质地黏重，土性坚硬，是中性反应。

受地质地形影响，河曲县成土母质主要有石灰岩、砂页岩残积坡积物，黄土质，黄土状母质，红土母质，冲积-洪积淤积物，并有少量洪积、淤灌、风积、黑土等母质类型。

3. 河曲县成土母质主要有以下几种。

（1）残积物：山地和丘陵地区的基岩经过风化淋溶残留在原地的岩石碎屑，是河曲县山区主要成土母质。土层薄，质地粗松，养分含量少，易受侵蚀。河曲县主要有石灰岩质、砂岩质、两种残积母质，主要分布在北部刘家塔和南部翠峰山区。

（2）洪积物：是山区或丘陵区因暴雨汇成山洪造成大片侵蚀地表，搬运到山麓坡脚的沉积物。往往谷口沉积矿石和粗沙物质，沉积层次不清、粗沙粒较多的黄土性物质，层次较明显，主要分布在县川河、朱家川河流域附近的 5 个乡（镇）。

（3）黄土及黄土状物质：是第四系晚期上更新统（Q_3）的沉积物。河曲县成土母质主要为黄土母质、黄土状母质、红黄土母质等。

①黄土母质。为马兰黄土，以风积为主，颜色灰黄，质地均一，无层理，不含沙砾，以粉沙为主，碳酸盐含量较高，有小粒状的石灰性结核。主要分布于半山黄土丘陵区，是河曲县面积最大的一种成土母质。

②黄土状母质。为次生黄土，系黄土经流水搬运侵蚀而成，与黄土母质性质基本相同，只是质地较黏，通透性较差。主要分布于黄河沿岸二级阶地，是面积比较大的一种成土母质。

③红黄土母质。颜色红黄，质地较细，常有棱块、棱柱状结构，碳酸盐含量较少，中性或微碱性，其中常含有红色黏土性条带，为埋藏古褐土，并夹有大小不等的石灰结核或成层的石灰结核，分布于河曲县中部的一些沟、梁下部。

④冲积物。是风化碎屑物质、黄土等经河流侵蚀、搬运和沉积而成。由于河水的分选，造成不同质地的冲积层理，一般粗细相间。在水平方向上，越近河床越粗；在垂直剖面上沙黏交替。主要分布于黄河沿岸的河漫滩和一级阶地。

（三）河流与地下水

据资料查对，河曲县极贫水区占总面积的 93.8%，富水区仅占 6.2%，地下水年可采量 0.49 亿立方米。目前工农业年采量为 0.033 亿立方米。全县小泉小水出露共 585 处，总流量仅有 0.232 立方米秒。地下水埋深，除黄河附近地区较浅、少数地区地下水 2～8 米外，其余地区都很深。

1. 水文河流与土壤 河曲县属黄河水系，黄河由此向南流经河曲县，直注黄河的较大支流有县川河、朱家川河、南曲沟、郭家沟 4 条。另有 37 条中小沟直入黄河。据水利资料查对，全县有 10 千米以上的大沟 13 条，5～10 千米的中沟 41 条，1～5 千米的小沟 784 条，0.5 千米以上的支沟 5 742 条。在沟道中有清水流量 0.69 立方米/秒。

（1）黄河：河曲县位于黄河中游，从刘家塔镇入境，流程 76 千米，流经 5 个乡（镇）38 个行政村，至社梁乡出境。该段黄河最宽 1 500 余米，最窄处 340 米，平均宽 920 米，有较大弯道 6 处，卡口两处，总落差 53.1 米，平均比降为 7.1。

黄河流经河曲县，最枯流量 50 立方米/秒，最大流量 5 000 立方米/秒，有记载以来，曾于 1969 年 8 月 1 日出现过 7 770 立方米/秒洪峰。

黄河是中华民族的摇篮，它给沿河人民带来了幸福，丰富的水源既能灌溉，又能发电，河曲县现有引黄流灌水地 40 000 余亩，产量可占全县总产量的 1/3 多。

（2）朱家川河：朱家川河从沙泉乡李家沟村入境，流经沙泉乡 15 个村，全长 21 千米流域面积 179.1 平方千米，从朱家川村出境，进入保德。该河河床宽约 50 米左右，河道较为顺直，河床由出露石灰岩与沉积砂卵石相间构成，河床稳定，呈“U”形，河北岸有宽约百余米的台阶地，形成山间谷地，故称“朱家川”。该河河道平均比降 5.47，年平均流量 1.456 亿立方米。

（3）县川河：县川河从河曲县土沟乡榆立坪村入境，流经土沟、单寨、沙泉、旧县等 5 个乡 29 个行政村，全长 46.85 千米，流域面积 487.3 平方千米，纵坡为 8.1%。该河是一条时令河，每年初春有少量的消冰水流过，到 4～6 月则河道干涸，在 8～9 月份才由暴雨形成洪流，时大时小，洪峰过后在很短的时间内就断流。本河道大都曲折迂回，河床呈“V”形，宽 30～50 米，由出露石灰岩一沉积砂卵石相间构成，两岸以“V”坡发展，没有川间谷地，纯属深切河道。

（4）郭家沟河：郭家沟河发源于刘家塔镇下邓草也村，流经刘家塔、楼子营、巡镇 3 个乡镇 14 个行政村，由路铺村注入黄河，流域面积 73.6 平方千米，干流长 21 千米，平均纵坡 19.5%。

郭家沟河是河曲县仅有的一条清水河，由于有柏鹿泉等较大泉水注入，河中清水流量 23 立方米/秒。

（5）南曲沟河：南曲沟河发源鹿固乡南沙洼村，由东向西流经鹿固、巡镇 2 个乡 5 个行政村，由曲峪村注入黄河。全长 13.6 千米，流域面积 28.1 平方千米，干沟平均纵坡 19.6%。

（6）其他河道：除以上较大河流外，另有石城沟等 10 条小沟，干沟长度均在 6 千米以上，皆为时令河道。

2. 水文河流与土壤形成 鉴于以上水文河流所述，由于河曲县降水量少、蒸发量大，侵蚀严重，地表水缺乏，所以地下水也非常贫乏，富水区仅有 6.2%。加之除黄河为常流河外，其余均为小泉小水、季节河道，且河床都切割很深，河床两侧又多为岩石，河水对地面渗透困难，所以河曲县除黄河沿岸部分土地地下水埋深较浅外，其余地区埋深都很深。因此可以说水文河流对河曲县土壤形成影响不大，仅在黄河沿岸在地下水作用下，形成少量浅色草甸土类型。

（四）自然植被

1. 植被类型概况 植物群落和种类及其地理分布，常随海拔高度、气候变化而发生变化，即气候是主要因素，除此之外，也受地形、地质、水文、土壤等因素影响，并常因人为活动引起极大的变异。河曲县植被类型与分布大体为：

（1）东南部 1 400 米以上土石山区：自然植被主要有酸刺、绣线菊、野刺玫、铁秆蒿、针茅等草灌群落，其次有分布很少的山杨等乔木。

（2）中部 900～1 400 米的黄土丘陵区：本区多为农田所占用，宜种植作物较多，自然植被仅残存于部分非耕地和农田边缘，典型代表有蒿属、针茅、沙蓬、百里香、沙棘豆、沙枣、沙蒿、草木樨、黄花铁线莲、细叶鸦葱、狗尾草、甘草等。该区植被类型为典型的低矮、稀疏、旱生群落。

(3) 黄河沿岸川谷阶地区：本区地势平坦，水源较为丰富，为当地最好的农业区。残存的自然植被仅散见于河畔、路边、地堰，主要有灰绿黎、斑蓼、水草、旋复花、驴耳毛菜、苍耳、沙蓬等草本植物。

(4) 人工草：人工草主要有苜蓿和草木樨，呈零星分布于河曲县丘陵半坡。

(5) 人工林：人工林分乔木、灌木和经济林 3 种。河曲县乔木主要有杨、柳、榆、槐、臭椿等；灌木主要有柠条、红柳、紫穗等；经济林有桃、杏、梨、苹果、沙果、槟果、海棠、海红、核桃、葡萄、枣、桑等。

2. 生物因素与土壤形成 河曲县属于暖温带半干旱大陆性季风气候，气候比较干旱，植被类型又明显属于南部森林草原向北部荒漠草原过渡类型，以低矮、稀疏草灌为主。因此，土壤形成发育中，在风蚀、水蚀严重，多风、干旱侵蚀作用下，又受季节性降水影响，使土体中产生了一定的淋溶淀积现象。虽然剖面中可看到微弱的黏化、淀积、腐殖化现象，但又看不到明显的发育层次。最终发育形成了既不同于南部具有不同发育程度黏化层的褐土，又不同于北部具有明显钙积层的粟钙土有过渡性特征的地带性土壤——灰褐土。

四、农村经济概况

2009 年，河曲县农村经济总收入为 39 762.03 万元。其中，农业收入为 15 719.36 万元，占 39.53%；林业收入为 339.98 万元，占 0.86%；畜牧业收入为 6 834.51 万元，占 17.19%；工业收入为 4 002.99 万元，占 10.07%；建筑业收入为 3 885.45 万元，占 9.77%；运输业收入为 3 281.87 万元，占 8.25%；商业、餐饮业收入为 1 751.85 万元，占 4.4%；服务业及其他收入为 3 004.02 万元，占 7.55%。农民人均纯收入为 2 639 元。

改革开放以后，农村经济有了较快发展。农村经济总收入 1978 年为 1 405 万元，1988 年为 7 177 万元，10 年间提高 19.6%；1998 年为 32 073 万元，是 1988 年的 4.5 倍；2007 年为 42 703 万元，是 1988 年的 5.9 倍。农民人均纯收入也有了较大的提高，1978 年为 59 元，1988 年为 380 元，1998 年为 966 元，2007 年突破 2 000 元大关，达到 2 175 元，2009 年达到 2 639 元。

第二节 农业生产概况

一、农业发展历史

河曲县农业历史悠久，据明成化本《山西通志》载，洪武二十四年（1391 年）河曲登记入册的土地共有 242.508 公顷，永乐十年（1412 年）有 294.908 公顷，成化八年（1472 年）有 296.908 公顷。

清顺治七年（1650 年），河曲有民田 43 488.5 亩。其中，平地 15 000 亩，坡地

18 228亩，沙地 10 260.5 亩。种植农作物有黍、稷（俗称，糜、粒类黍）、麦（有大小麦两种）、菽（有黑豆、绿豆、豌豆、红豆、扁豆、小豆）、粱谷（穗有毛）、黍谷（红黄两色）、黄谷（此种最多，食常用）、荞麦、蜀秫、麻子、芝麻等。菜类有芹、芥、韭、葱、蒜、萝卜、茄、蔓菁、赤根（俗称菠菜）、莴苣、甜菜、芫荽、藤蒿、白菜、苦菜、瓜（有西瓜、黄瓜、甜瓜、菜瓜）、葫芦、胡萝卜、莎蕉等。

新中国成立后，农业生产有了较快发展，特别是中共十一届三中全会以后，农业生产发展迅猛。随着农业机械化水平的不断提高，农田水利设施的建设，农业新技术的推广应用，使农业生产迈上了快车道。河曲县现在是全国杂豆基地县，1949 年全县粮食总产仅为 13 675 吨、油料 76 吨、水果 1 099 吨。1980 年粮食总产达到 21 665 吨，是 1949 年的 1.6 倍；油料总产 690 吨，是 1949 年的 9.1 倍；水果总产 4 419 吨是 1949 年的 4 倍。2007 年粮食总产达 50 364 吨，是 1980 年的 2.3 倍；油料总产 5 679 吨是 1980 年的 8.2 倍。2009 年粮食总产达 35 171 吨，是 1980 年的 2.5 倍；油料总产 6 044.8 吨是 1980 年的 8.8 倍。

二、农业发展现状与问题

河曲县光热资源丰富，但园田化和梯田化水平不高，而且水资源较缺，这些因素都制约着农业的发展。全县耕地面积 625 330 亩，水田水浇地面积 45 000 亩，占耕地面积的 7.2%；有效灌溉面积为 43 200 亩，占耕地面积的 6.9%。河曲县主要农作物产量见表1-2。

表 1-2　河曲县主要农作物总产量

年份	粮食（吨）	油料（吨）	蔬菜（吨）	水果（吨）	猪牛羊肉（吨）	农民人均纯收入（元）
1949	13 675	76	7 855	1 099	—	—
1960	17 498	191	7 239	884	—	49
1965	15 859	316	7 218	1 038	—	37
1970	25 415	517	6 918	1 916	—	64
1975	35 224	341	8 500	999	—	62
1980	21 665	690	4 419	1 351	1 640	50
1985	16 951	3 943	7 831	2 318	1 230	170
1990	33 743	4 304	10 414	1 215	2 487	322
1995	8 522	1 722	10 892	952	3 164	370
2000	20 003	3 261	33 141	800	2 914	765
2005	40 008	4 989	20 627	2 153	2 923	1 662
2007	50 364	5 679	40 464	2 840	2 856	2 175
2009	53 171	6 045	43 502	2 565	2 947	2 639

2009 年，河曲县农、林、牧、副、渔业总产值为 36 403 万元。其中，农业产值 19 691万元，占 54.09%；林业产值 5 156 万元，占 14.16%；牧业产值 10 465.6 万元，占 28.75%。渔业产值 79.1 万元，占 0.22%；农林牧渔服务业产值 1 011.3 万元，占 2.78%。

2009 年，河曲县粮食作物面积 31.44 万亩，油料作物 6.78 万亩，蔬菜面积 0.53 万亩，瓜类 0.675 万亩，薯类 5.28 万亩，豆类 6.47 万亩，水果 3.35 万亩。

畜牧业是河曲县一项优势产业，2009 年末，全县大牲畜牛 4 036 头、驴 2 315 头、骡子 3 610 头，猪 24 863 头、羊 137 047 只，鸡 416 548 只、兔 580 只。

河曲县农机化水平不高，田间作业只有耕地，播种使用简单机械，减轻部分劳动强度，提高了劳动效率。全县农机总动力为 72 789 千瓦。拖拉机 1 477 台，其中大中型 130 台，小型 767 台，变型 580 台。种植业机具门类较全。机引犁 720 台，化肥深施机 85 台，机引铺膜机 180 台，秸秆粉碎还田机 18 台，排灌动力机械 1 748 台，机动喷雾器 315 台，收割机械 62 台，农副产品加工机械 512 台。农用运输车 1 906 辆，农用载重车 30 辆，推土机 126 台。全县机耕面积 32.3 万亩，机播面积 26.5 万亩，机收面积 3.5 万亩。农用化肥使用量 24 315 吨，农膜使用量 210.5 吨，农药使用量 74.8 吨。

河曲县共拥有各类水利设施 1 432 处（眼），大型电灌站 3 处，中小型电灌站 58 处，机电井 1 360 眼。

从河曲县农业生产看，一是粮田面积不断扩大；二是糜、黍田面积波动大，呈减少趋势；三是蔬菜面积呈下降趋势。分析其原因，人工费普遍提升，种粮机械化程度高，用工少；而蔬菜市场价格波动大，用工多，种田不如打工，面积下降，同时，随着人工费的提升，种粮效益比较低。粮田面积虽然扩大，但管理粗放，单产水平不高。

第三节　耕地利用与保养管理

一、主要耕作方式及影响

河曲县的农田耕作方式有一年两作即春菜-秋菜、玉米套大豆，一年一作（玉米或山药）。一年两茬作物，经济效益虽好，但不利于用养结合；一年一作是旱地玉米或薯类。前茬作物收获后，在伏天或冬前进行深耕，以便接纳雨雪、晒垡。深度一般可达 25 厘米以上，以利于打破犁底层，加厚活土层，同时还利于翻压杂草。

二、耕地利用现状，生产管理及效益

河曲县种植作物主要以玉米、马铃薯、油料、小杂粮、蔬菜为主，兼种一些经济作物。耕作制度有一年一作、一年两作。灌溉水源有浅井、深井、河水、水库；灌溉方式河水大多采取大水漫灌，井水一般大多采用畦灌。一般年份，黄河沿岸每季作物浇水 3～5 次，平均费用 30 元左右/（亩・次）；其他地区一般浇水 1～次，平均费用 40～50 元/（亩・次）。生产管理上机械水平不高，一年一作亩投入 100 元左右，一年两作亩投入 230 元左右。

据 2007 年统计部门资料显示，河曲县农作物总播种面积 40.12 万亩，粮食播种面积为 28.9 万亩，总产量为 50 364 吨。其中，玉米面积为 12 万亩，总产 27 600 吨，亩产 230 千克；薯类（折粮）5.8 万亩，总产 11600 吨，亩产 200 千克；油料 6.4 万亩，总产 5 679吨，亩产 177.5 千克；蔬菜 1.15 万亩，总产 28 320 吨，亩产 1 650 千克；瓜类5 500 亩，总产 13 750 吨，亩产 2 500 千克。

效益分析：高水肥地玉米平均亩产 450 千克，每千克售价 1.3 元，产值 585 元，投入 150 元，亩纯收入 435 元；旱地玉米平均亩产 350 千克，每千克售价 1.3 元，亩产值 455 元，亩投入 110 元，亩收益 345 元。这里指一般年份，如遇旱年，旱地作物收入更低，甚至亏本。旱地玉米，如遇卡脖旱，颗粒无收；水地玉米，如遇旱年，投入加大，收益降低。

瓜菜一般亩纯收入 2 000 元左右，葡萄亩纯收入 2 500 元左右。

三、施肥现状与耕地养分演变

河曲县大田施肥情况是农家肥施用呈下降趋势。以前农村耕地、运输主要以畜力为主，农家肥主要是大牲畜粪便。1949 年全县仅有大牲畜 9 505 头，随着新中国成立后农业生产的恢复和发展，到 1954 年增加到 12 562 头；1967 年发展到 14 084 头，为历史最高年；1983 年以前一直在 1.3 万头左右徘徊。随着农业生产责任制的推行，农业生产迅猛发展，到 1993 年，大牲畜也基本保持 1.3 万头，2005 年大牲畜基本保持在 1.0 万～1.1 万头。近年来，随着农业机械化水平的提高，大牲畜又呈下降趋势，到 2009 年全县仅有大牲畜 9 961 头。猪和鸡的数量虽然大量增加，但粪便主要施入菜田、果园等效益较高的经济作物。因而，目前大田土壤中有机质含量的增加主要依靠秸秆还田。化肥的使用量，从逐年增加到趋于合理。据统计资料显示，1952 年化肥施用量（实物量），全县仅为 3 吨，1957 年为 35 吨，1972 年为 3 250 吨，1978 年为 9 315 吨，1988 年为 17 372 吨，1998 年为 29 694 吨，2009 年为 24 351 吨。

2007 年，河曲县平衡施肥面积 40 万亩，微肥应用面积 12 万亩，秸秆还田面积很少。化肥施用量（实物量）为 22 685 吨，其中氮肥 10 725 吨、磷肥 8 500 吨、钾肥 250 吨、复合肥为 3 210 吨。

随着农业生产的发展，秸秆还田、平衡施肥技术推广，2009 年河曲县耕地耕层土壤养分测定结果比 1984 年第二次全国土壤普查普遍提高。土壤有机质平均增加了 2.48 克/千克、全氮增加了 0.04 克/千克、有效磷增加了 4.49 毫克/千克、速效钾则减少了 22.23 毫克/千克。随着测土配方施肥技术的全面推广应用，土壤肥力会不断提高。

四、农田环境质量与历史变迁

农田环境质量的好坏，直接影响农产品的产量和品质。1980—2000 年随着经济高速发展，河曲县工业发展很快，给农业生态环境带来严重污染。黄河是河曲县农业灌溉的主要水源之一，不仅沿河的河滩地靠黄河水灌溉。据 2000 年调查，河曲县就有 20 余个企业向黄河排污水，年排污水 480 万吨。加上上游企业污水、废物的排放，河水污染比较严重，也波及农田。河曲县当时有煤焦企业 3 个、发电厂 2 处，年排烟尘 1 215.1 吨、SO_2 313.4 吨，严重影响周围农田正常生长。2000 年以后，随着各级政府环保力度的加大，不达标的土炼焦、小高炉全部关闭。2006 年县政府对 10 余家重点企业下达环保全面达标期限，对 14 家达标企业发放排污许可证，累计投入治污资金 4 100 余万元，取缔落后焦炉、爆破违法企业烟囱 6 根，引导帮助 4 家企业转产。为农田环境日益好转，打下了基础。

环境质量现状：河曲县 2009 年空气质量二级天数为 275 天，其余为三级，空气中主要污染物为 SO_2，年平均 SO_2 指标为 0.245，NO_2 为 0.018。

五、耕地利用与保养管理简要回顾

1985—1995 年，根据全国第二次土壤普查结果，河曲县划分了土壤利用改良区。根据不同土壤类型，不同土壤肥力和不同生产水平，提出了合理利用培肥措施，达到了培肥土壤目的。

1995—2005 年，随着农业产业结构调整步伐加快，实施沃土计划，推广平衡施肥，玉米秸秆直接还田，特别是 2007 年，测土配方施肥项目的实施，使全县施肥更合理，加上退耕还林等生态措施的实施，农业大环境得到了改善。近年来，随着科学发展观的贯彻落实，环境保护力度不断加大，农田环境日益好转；同时政府加大对农业投入。通过一系列有效措施，河曲县农业生产正逐步向优质、高产、高效、安全迈进。

第二章　耕地地力调查与质量评价的内容和方法

根据《耕地地力调查与质量评价技术规程》和《全国测土配方施肥技术规范》（以下简称《规程》和《规范》）的要求，通过肥料效应田间试验、样品采集与制备、田间基本情况调查、土壤与植株测试、肥料配方设计、配方肥料合理使用、效果反馈与评价、数据汇总、报告撰写等内容、方法与操作规程和耕地地力评价方法的工作过程，进行了耕地地力调查和质量评价。这次调查和评价是基于四个方面进行的。一是通过耕地地力调查与评价，合理调整农业结构、满足市场对农产品多样化、优质化的要求以及经济发展的需要；二是全面了解耕地质量现状，为无公害农产品、绿色食品、有机食品生产提供科学依据，为消费者提供健康安全食品；三是针对耕地土壤的障碍因子，提出中低产田改造、防止土壤退化及修复已污染土壤的意见和措施，提高耕地综合生产能力；四是通过调查，建立全县耕地资源信息管理系统和测土配方施肥专家咨询系统，对耕地质量和测土配方施肥实行计算机网络管理，形成较为完善的测土配方施肥数据库，为农业增产、农业增效、农民增收提供科学决策依据，保证农业可持续发展。

第一节　工作准备

一、组织准备

由山西省农业厅牵头成立测土配方施肥和耕地地力调查领导组、专家组、技术指导组，河曲县成立相应的领导组、办公室、野外调查队和室内资料数据汇总组。

二、物质准备

根据《规程》和《规范》要求，进行了充分物质准备。先后配备了 GPS 定位仪、不锈钢土钻、电脑及光盘、钢卷尺、100 立方厘米环刀、土袋、可封口塑料袋、化验药品、化验室仪器以及调查表格等。并在原来土壤化验室基础上，进行必要的补充和维修，为全面调查和室内化验分析做好了充分的物质准备。

三、技术准备

领导组聘请农业系统有关专家及第二次土壤普查有关人员，组成技术指导组，根据《规程》和《山西省 2005 年区域性耕地地力调查与质量评价实施方案》及《规范》，制定了《河曲县测土配方施肥技术规范及耕地地力调查与质量评价技术规程》，并编写了技术培训教材，在采样调查前对采样调查人员进行认真、系统的技术培训。

四、资料准备

按照《规程》和《规范》要求，收集了河曲县行政规划图、地形图、第二次土壤普查成果图、基本农田保护区划图、土地利用现状图、农田水利分区图等图件。收集了第二次土壤普查成果资料，基本农田保护区地块基本情况、基本农田保护区划统计资料，大气和水质量污染分布及排污资料，果树、蔬菜、粮食种植面积，品种、产量及污染等有关资料，农田水利灌溉区域、面积及地块灌溉保证率，退耕还林规划，肥料、农药使用品种及数量、肥力动态监测等资料。

第二节　室内预研究

一、确定采样点位

（一）布点与采样原则

为了使土壤调查所获取的信息具有一定的典型性和代表性，提高工作效率，节省人力和资金，采样点参考县级土壤图，做好采样规划设计，确定采样点位。实际采样时严禁随意变更采样点，若有变更须注明理由。在布点和采样时主要遵循了以下原则：一是布点具有广泛的代表性，同时兼顾均匀性。根据土壤类型、土地利用等因素，将采样区域划分为若干个采样单元，每个采样单元的土壤性状要尽可能均匀一致；二是耕地地力调查与污染调查（面源污染与点源污染）相结合，适当加大污染源点位密度；三是尽可能在全国第二次土壤普查时的剖面或农化样取样点上布点；四是采集的样品具有典型性，能代表其对应的评价单元最明显、最稳定、最典型的特征，尽量避免各种非调查因素的影响；五是所调查农户随机抽取，按照事先所确定采样地点寻找符合基本采样条件的农户进行，采样在符合要求的同一农户的同一地块内进行。

（二）布点方法

1. 大田土样布点方法　按照《规程》和《规范》的要求，结合河曲县实际，将大田样点密度定为平川区每 150～200 亩一个点位、丘陵区每 80 亩一个点位，实际布设大田样点 5 800 个。一是依据山西省第二次土壤普查土种归属表，把那些图斑面积过小的土种，适当合并至母质类型相同、质地相近、土体构型相似的土种，修改编绘出新的土种图；二是将归并后的土种图与基本农田保护区划图和土地利用现状图叠加，形成评价单元；三是根据评价单元的个数及相应面积，在样点总数的控制范围内，初步确定不同评价单元的采样点数；四是在评价单元中，根据图斑大小、种植制度、作物种类、产量水平等因素的不同，确定布点数量和点位，并在图上予以标注，点位尽可能选在第二次土壤普查时的典型剖面取样点或农化样品取样点上；五是不同评价单元的取样数量和点位确定后，按照土种、作物品种、产量水平等因素，分别统计其相应的取样数量。当某一因素点位数过少或过多时，再根据实际情况进行适当调整。

2. 果园土样布点方法　按照《山西省果园土壤养分调查技术规程》要求，结合河曲县实际情况，在样点总数的控制范围内根据土壤类型、母质类型、地形部位、果树品种、树龄等因素确定相应的取样数量，每 50 亩布设一个采样点，共布设果园土壤样点 105 个。同时采集当地主导果品样品进行果品质量分析。

二、确定采样方法

（一）大田土样采集方法

1. 采样时间　在大田作物收获后、秋播作物施肥前进行。按叠加图上确定的调查点位去野外采集样品。通过向农民实地了解当地的农业生产情况，确定最具代表性的同一农户的同一块田采样，田块面积均在 2 亩以上，并用 GPS 定位仪确定地理坐标和海拔高程，记录经纬度，精确到 0.1″。依此准确方位修正点位图上的点位位置。

2. 调查、取样　向已确定采样田块的农户，按农户地块调查表格的内容逐项进行调查并认真填写。调查严格遵循实事求是的原则，对那些说不清楚的农户，通过访问地力水平相当、位置基本一致的其他农户或对实物进行核对推算。采样主要采用 S 法，均匀随机采取 15～20 个采样点，充分混合后，按四分法留取 1 千克组成一个土壤样品，并装入已准备好的土袋中。

3. 采样工具　主要采用不锈钢土钻，采样过程中努力保持土钻垂直，样点密度均匀，基本符合厚薄、宽窄、数量均匀的特征。

4. 采样深度　为 0～20 厘米耕作层土样。

5. 采样记录　填写两张标签，土袋内外各具 1 张，注明采样编号、采样地点、采样人、采样日期等。采样同时，填写大田采样点基本情况调查表和大田采样点农户调查表。

（二）果园土样采集方法

根据点位图所在位置到所在的村庄向农民实地了解当地果园品种、树龄等情况，确定具有代表性的同一农户的同一果园地进行采样。果园土样在果品采摘后的第一次施肥前采集。用 GPS 定位仪定位，依此修正图位上的点位位置。采样深为 0～40 厘米。采样同时，做好采样点调查记录。

三、确定调查内容

根据《规范》的要求，按照“测土配方施肥采样地块基本情况调查表”认真填写。本次调查的范围是基本农田保护区耕地和园地（包括蔬菜、果园和其他经济作物田），调查内容主要有 4 个方面：一是与耕地地力评价相关的耕地自然环境条件，农田基础设施建设水平和土壤理化性状，耕地土壤障碍因素和土壤退化原因等；二是与农产品品质相关的耕地土壤环境状况，如土壤的富营养化、养分不平衡与缺少微量元素和土壤污染等；三是与农业结构调整密切相关的耕地土壤适宜性问题等；四是农户生产管理情况调查。

以上资料的获得，一是利用第二次土壤普查和土地利用详查等现有资料，通过收集整理而来；二是采用以点带面的调查方法，经过实地调查访问农户获得的；三是对所采集样品进行相关分析化验后取得；四是将所有有限的资料、农户生产管理情况调查资料、分析数据录入到计算机中，并经过矢量化处理形成数字化图件、插值，使每个地块均具有各种资料信息，来获取相关资料信息。这些资料和信息，对分析耕地地力评价与耕地质量评价结果及影响因素具有重要意义。如通过分析农户投入和生产管理对耕地地力土壤环境的影响，分析农民现阶段投入成本与耕地质量直接的关系，有利于提高成果的现实性，引起各级领导的关注。通过对每个地块资源的充实完善，可以从微观角度，对土、肥、气、热、水资源运行情况有更周密的了解，提出管理措施和对策，指导农民进行资源合理利用和分配。通过对全部信息资料的了解和掌握，可以宏观调控资源配置，合理调整农业产业结构，科学指导农业生产。

四、确定分析项目和方法

根据《规程》《山西省耕地地力调查及质量评价实施方案》和《规范》规定，土壤质量调查样品检测项目为：pH、有机质、全氮、碱解氮、全磷、有效磷、全钾、速效钾、缓效钾、有效硫、阳离子交换量、有效铜、有效锌、有效铁、有效锰、水溶性硼、有效钼17个项目；果园土壤样品检测项目为：pH、有机质、全氮、有效磷、速效钾、有效钙、有效镁、有效铜、有效锌、有效铁、有效锰、有效硼12个项目。其分析方法均按全国统一规定的测定方法进行。

五、确定技术路线

河曲县耕地地力调查与质量评价所采用的技术路线流程见图2-1。

（一）确定评价单元

利用基本农田保护区区划图、土壤图和土地利用现状图叠加的图斑为基本评价单元。相似相近的评价单元至少采集一个土壤样品进行分析，在评价单元图上连接评价单元属性数据库，用计算机绘制各评价因子图。

（二）确定评价因子

根据全国、省级耕地地力评价指标体系并通过农科教专家论证来选择河曲县县域耕地地力评价因子。

（三）确定评价因子权重

用模糊数学特尔菲法和层次分析法将评价因子标准数据化，并计算出每一评价因子的权重。

（四）数据标准化

选用隶属函数法和专家经验法等数据标准化方法，对评价指标进行数据标准化处理，对定性指标要进行数值化描述。

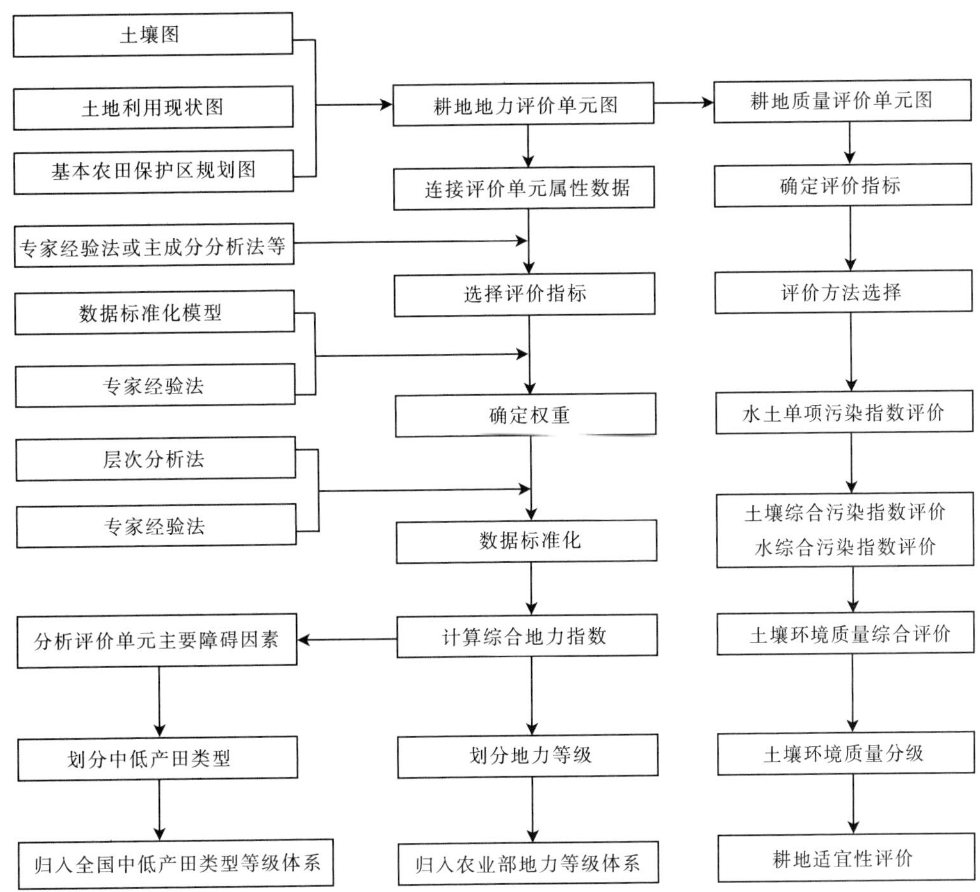

图 2-1 耕地地力调查与质量评价技术路线流程

(五) 综合地力指数计算

用各因子的地力指数累加得到每个评价单元的综合地力指数。

(六) 划分地力等级

根据综合地力指数分布的累积频率曲线法或等距法，确定分级方案，并划分地力等级。

(七) 归入全国耕地地力等级体系

依据《全国耕地类型区、耕地地力等级划分》(NY/T 309—1996)，归纳整理各级耕地地力要素主要指标，结合专家经验，将各级耕地地力归入全国耕地地力等级体系。

(八) 划分中低产田类型

依据《全国中低产田类型划分与改良技术规范》(NY/T 310—1996)，分析评价单元耕地土壤主要障碍因素，划分并确定中低产田类型。

(九) 耕地质量评价

用综合污染指数法评价耕地土壤环境质量。

第三节　野外调查及质量控制

一、调查方法

野外调查的重点是对取样点的立地条件、土壤属性、农田基础设施条件、农户栽培管理成本、收益及污染等情况全面了解、掌握。

1. 室内确定采样位置　技术指导组根据要求，在1∶10 000评价单元图上确定各类型采样点的采样位置，并在图上标注。

2. 培训野外调查人员　抽调技术素质高、责任心强的农业技术人员，尽可能抽调第二次土壤普查人员，经过为期5天的专业培训和野外实习，组成6支野外调查队，共20余人参加野外调查。

3. 根据《规程》和《规范》要求，严格取样　各野外调查支队根据图标位置，在了解农户农业生产情况基础上，确定具有代表性田块和农户，用GPS定位仪进行定位，依据田块准确方位修正点位图上的点位位置。

4. 按照《规程》、省级实施方案要求规定和《规范》规定，填写调查表格，并将采集的样品统一编号，带回室内化验。

二、调查内容

（一）基本情况调查项目

1. 采样地点和地块　地址名称采用民政部门认可的正式名称，地块采用当地的通俗名称。

2. 经纬度及海拔高度　由GPS定位仪进行测定。

3. 地形地貌　以形态特征划分为三大地貌类型，即山地、丘陵及平川。

4. 地形部位　指中小地貌单元。主要包括河漫滩、一级阶地、二级阶地、高阶地、坡地、梁地、垣地、峁地、山地、沟谷。

5. 坡度　一般分为≤2.0°、2.1°～5.0°、5.1°～8.0°、8.1°～15.0°、≥15.0°。

6. 侵蚀情况　按侵蚀种类和侵蚀程度记载，根据土壤侵蚀类型可划分为水蚀、风蚀、重力侵蚀、冻融侵蚀、混合侵蚀等，侵蚀程度通常分为无明显、轻度、中度、强度、极强度等6级。

7. 潜水深度　指地下水深度，分为深位（>10～15厘米）、中位（5～10厘米）、浅位（≤5厘米）。

8. 家庭人口及耕地面积　指每个农户实有的人口数量和种植耕地面积（亩）。

（二）土壤性状调查项目

1. 土壤名称　统一按第二次土壤普查时的连续命名法填写，详细到土种。

2. 土壤质地　国际制；全部样品均需采用手摸测定；质地分为：沙土、沙壤、壤土、黏壤、黏土5级。室内选取10%的样品采用比重计法（粒度分布仪法）测定。

3. 质地构型　指不同土层之间质地构造变化情况。一般可分为通体壤、通体黏、通体沙、黏夹沙、底沙、壤夹黏、多砾、少砾、夹砾、底砾、少姜、多姜等。

4. 耕层厚度　用铁锹垂直铲下去，用钢卷尺按实际进行测量确定。

5. 障碍层次及深度　主要指沙土、黏土、砾石、料姜等所发生的层位、层次及深度。

6. 盐碱情况　按盐碱类型划分为苏打盐化、硫酸盐盐化、氯化物盐化、混合盐化等。按盐化程度分为重度、中度、轻度等，碱化也分为轻、中、重度等。

7. 土壤母质　按成因类型分为马兰黄土，保德红黏土，石灰岩、砂页岩残积物，近代冲积物、洪积物，黄土状母质等类型。

（三）农田设施调查项目

1. 地面平整度　按大范围地形坡度分为平整（<2°）、基本平整（2°～5°）、不平整（>5°）。

2. 园（梯）田化水平　分为地面平坦、园田化水平高，地面基本平坦、园田化水平较高，高水平梯田，缓坡梯田，新修梯田，坡耕地 6 种类型。

3. 田间输水方式　管道、防渗渠道、土渠等。

4. 灌溉方式　分为漫灌、畦灌、沟灌、滴灌、喷灌、管灌等。

5. 灌溉保证率　分为充分满足、基本满足、一般满足、无灌溉条件 4 种情况或按灌溉保证率（%）计。

6. 排涝能力　分为强、中、弱 3 级。

（四）生产性能与管理情况调查项目

1. 种植（轮作）制度　分为一年一熟、一年两熟等。

2. 作物（蔬菜）种类与产量　指调查地块上年度主要种植作物及其平均产量。

3. 耕翻方式及深度　指翻耕、旋耕、耙地、耱地、中耕等。

4. 秸秆还田情况　分翻压还田、覆盖还田等。

5. 设施类型棚龄或种菜年限　分为薄膜覆盖、塑料拱棚、温室等，棚龄以正式投入生产算起。

6. 上年度灌溉情况　包括灌溉方式、灌溉次数、年灌水量、水源类型、灌溉费用等。

7. 年度施肥情况　包括有机肥、氮肥、磷肥、钾肥、复合（混）肥、微肥、叶面肥、微生物肥及其他肥料施用情况，有机肥要注明类型，化肥指纯养分。

8. 上年度生产成本　包括化肥、有机肥、农药、农膜、种子（种苗）、机械、人工及其他。

9. 上年度农药使用情况　农药使用次数、品种、数量。

10. 产品销售及收入情况。

11. 作物品种及种子来源。

12. 蔬菜效益　指当年纯收益。

三、采样数量

在河曲县 625 330 亩耕地上，共采集大田土壤样品 5 800 个，果园土壤样品 105 个。

四、采样控制

野外调查采样是本次耕地地力调查评价的关键。既要考虑采样代表性、均匀性，也要考虑采样的典型性。根据河曲县的区划划分特征，分别在平川区的二级阶地、一级阶地、河漫滩，丘陵区及东南部土石山区不同作物类型、不同地力水平的农田严格按照《规程》和《规范》要求均匀布点，并按图标布点实地核查后进行定点采样。在工矿周围农田质量调查方面，重点对使用工业水浇灌的农田以及大气污染较重的纸业、金属镁厂等附近农田进行采样；果园主要集中在黄河一级阶地、二级阶地平川区和丘陵区一带，所以在果园集中区进行了重点采样。整个采样过程严肃认真，达到了《规程》要求，保证了调查采样质量。

第四节　样品分析及质量控制

一、分析项目及方法

（一）物理性状

土壤容重：采用环刀法测定。

（二）化学性状

土壤样品化学性状采用以下方法测定：

（1）pH：土液比 1∶2.5，采用电位法测定。

（2）有机质：采用油浴加热重铬酸钾氧化容量法测定。

（3）全磷：采用氢氧化钠熔融——钼锑抗比色法测定。

（4）有效磷：采用碳酸氢钠或氟化铵-盐酸浸提——钼锑抗比色法测定。

（5）全钾：采用氢氧化钠熔融——火焰光度计或原子吸收分光光度计法测定。

（6）速效钾：采用乙酸铵浸提——火焰光度计或原子吸收分光光度计法测定。

（7）全氮：采用凯氏蒸馏法测定。

（8）碱解氮：采用碱解扩散法测定。

（9）缓效钾：采用硝酸提取-火焰光度法测定。

（10）有效铜、锌、铁、锰：采用 DTPA 提取-原子吸收光谱法测定。

（11）有效钼：采用草酸-草酸铵浸提——极谱法草酸-草酸铵提取、极谱法测定。

（12）水溶性硼：采用沸水浸提——甲亚胺- H 比色法或姜黄素比色法测定。

（13）有效硫：采用磷酸盐-乙酸或氯化钙浸提——硫酸钡比浊法测定。

（14）有效硅：采用柠檬酸浸提-硅钼蓝色比色法测定。

（15）交换性钙和镁：采用乙酸铵提取-原子吸收光谱法测定。

（16）阳离子交换量：采用 EDTA -乙酸铵盐交换法测定。

二、分析测试质量控制

分析测试质量主要包括野外调查取样后样品风干、处理与实验室分析化验质量，其质量的控制是调查评价的关键。

（一）样品风干及处理

常规样品如大田样品、果园土壤样品，及时放置在干燥、通风、卫生、无污染的室内风干，风干后送化验室处理。

将风干后的样品平铺在制样板上，用木棍或塑料棍碾压，并将植物残体、石块等侵入体和新生体剔除干净。细小已断的植物须根，可采用静电吸附的方法清除。压碎的土样用2毫米孔径筛过筛，未通过的土粒重新碾压，直至全部样品通过2毫米孔径筛为止。通过2毫米孔径筛的土样可供pH、盐分、交换性能及有效养分等项目的测定。

将通过2毫米孔径筛的土样用四分法取出一部分继续碾磨，使之全部通过0.25毫米孔径筛，供有机质、全氮、碳酸钙等项目的测定。

用于微量元素分析的土样，其处理方法同一般化学分析样品，但在采样、风干、研磨、过筛、运输、储存等诸环节都要特别注意，不要接触容易造成样品污染的铁、铜等金属器具。采样、制样推荐使用不锈钢、木、竹或塑料工具，过筛使用尼龙网筛等。通过2毫米孔径尼龙筛的样品可用于测定土壤有效态微量元素。

将风干土样反复碾碎，用2毫米孔径筛过筛。留在筛上的碎石称量后保存，同时将过筛的土壤称重，计算石砾质量百分数。将通过2毫米孔径筛的土样混匀后盛于广口瓶内，用于颗粒分析及其他物理性质测定。若风干土样中有铁锰结核、石灰结核、铁子或半风化体，不能用木棍碾碎，应首先将其细心拣出称量保存，然后再进行碾碎。

（二）实验室质量控制

1. 在测试前采取的主要措施

（1）按《规程》要求制订了周密的采样方案，尽量减少采样误差（把采样作为分析检验的一部分）。

（2）正式开始分析前，对检验人员进行了为期两周的培训：对监测项目、监测方法、操作要点、注意事项一一进行培训，并进行了质量考核，为监验人员掌握了解项目分析技术、提高业务水平、减少误差等奠定了基础。

（3）收样登记制度：制定了收样登记制度，将收样时间、制样时间、处理方法与时间、分析时间一一登记，并在收样时确定样品统一编码、野外编码及标签等，从而确保了样品的真实性和整个过程的完整性。

（4）测试方法确认（尤其是同一项目有几种检测方法时）：根据实验室现有条件、要求规定及分析人员掌握情况等确立最终采取的分析方法。

（5）测试环境确认：为减少系统误差，对实验室温湿度、试剂、用水、器皿等一一检验，保证其符合测试条件。对有些相互干扰的项目分开实验室进行分析。

（6）检测用仪器设备及时进行计量检定，定期进行运行状况检查。

2. 在检测中采取的主要措施

（1）仪器使用实行登记制度，并及时对仪器设备进行检查维修和调整。

（2）严格执行项目分析标准或规程，确保测试结果准确性。

（3）坚持平行试验、必要的重显性试验，控制精密度，减少随机误差。

每个项目开始分析时，每批样品均须做100%平行样品，结果稳定后，平行次数减少50%，最少保证做10%～15%平行样品。每个化验人员都自行编入明码样做平行测定，质控员还编入10%密码样进行质量控制。

平行双样测定结果的误差在允许的范围之内为合格；平行双样测定全部不合格者，该批样品须重新测定；平行双样测定合格率＜95%时，除对不合格的重新测定外，再增加10%～20%的平行测定率，直到总合格率达95%。

（4）坚持带质控样进行测定：

①与标准样对照。分析中，我们每批次带标准样品10%～20%，在测定的精密度合格的前提下，标准样测定值在标准保证值（95%的置信水平）范围的为合格，否则本批结果无效，需进行重新分析测定。

②加标回收法。对灌溉水样由于无标准物质或质控样品，采用加标回收试验来测定准确度。

加标率，在每批样品中，随机抽取10%～20%试样进行加标回收测定。

加标量，被测组分的总量不得超出方法的测定上限。加标浓度宜高，体积应小，不应超过原定试样体积的1%。

加标回收率在90%～110%范围内的为合格。

$$\text{加标回收度（\%）}=\frac{\text{测得总量-样品总量}}{\text{标准加入量}}\times 100$$

根据回收率大小，也可判断是否存在系统误差。

（5）注重空白试验：全程空白值是指用某一方法测定某物质时，除样品中不含该物质外，整个分析过程中引起的信号值或相应浓度值。它包含了试剂、蒸馏水中杂质带来的干扰，从待测试样的测定值中扣除，可消除上述因素带来的系统误差。如果空白值过高，则要找出原因，采取其他措施（如提纯试剂、更新试剂、更换容器等）加以消除。保证每批次样品做2个以上空白样，并在整个项目开始前按要求做全程序空白测定，每次做2个平行空白样，连测5天共得到10个测定结果，计算批内标准偏差 S_{wb}。

$$S_{wb}=\left[\sum(X_i-X_{\text{平}})^2/m(n-1)\right]^{1/2}$$

式中：n—— 每天测定平均样个数；

m ——测定天数。

（6）做好校准曲线。比色分析中标准系列保证设置6个以上浓度点。根据浓度和吸光值按一元线性回归方程计算其相关系数。

$$Y=a+bx$$

式中：Y——吸光度；

X——待测液浓度；

a——截距；

b——斜率。

要求标准曲线相关系数 r≥0.999。

校准曲线控制：①每批样品皆需做校准曲线；②标准曲线力求 r≥0.999，且有良好重现性；③大批量分析时每测 10～20 个样品要用一标准液校验，检查仪器状况；④待测液浓度超标时不能任意外推。

（7）用标准物质校核实验室的标准滴定溶液：标准物质的作用是校准。对测量过程中使用的基准纯、优级纯的试剂进行校验。校准合格才能使用，确保量值准确。

（8）详细、如实记录测试过程，使检测条件可再现、检测数据可追溯。对测量过程中出现的异常情况也及时记录，及时查找原因。

（9）认真填写测试原始记录，测试记录做到：如实、准确、完整、清晰。记录的填写、更改均制定了相应制度和程序。当测试由一人读数一人记录时，记录人员复读多次所记的数字，减少误差发生。

3. 检测后主要采取的技术措施

（1）加强原始记录校核、审核：实行“三审三校”制度，对发现的问题及时研究、解决，或召开质量分析会，达成共识。

（2）运用质量控制图预防质量事故发生：对运用均值-极差控制图的判断，参照《质量专业理论与实名》中的判断准则。对控制样品进行多次重复测定，由所得结果计算出控制样的平均值 X 及标准差 S（或极差 R），就可绘制均值-标准差控制图（或均值-极差控制图），纵坐标为测定值，横坐标为获得数据的顺序。将均值 X 作成与横坐标平行的中心级 CL，$X\pm3S$ 为上下警戒限 UCL 及 LCL，$X\pm2S$ 为上下警戒限 UWL 及 LWL，在进行试样例行分析时，每批带入控制样，根据差异判定准则进行判断。如果在控制限之外，该批结果为全部错误结果，则必须查出原因，采取措施，加以消除，除“回控”后再重复测定，并控制不再出现，如果控制样的结果落在控制限和警戒限之间，说明精密度已不理想，应引起注意。

（3）控制检出限：检出限是指对某一特定的分析方法在给定的置信水平内，可以从样品中检测的待测物质的最小浓度或最小量。根据空白测定的批内标准偏差（S_{wb}）按下列公式计算检出限（95%的置信水平）。

①若试样一次测定值与零浓度试样一次测定值有显著性差异时，检出限（L）按下列公式计算：

$$L=2\times2^{1/2}t_fS_{wb}$$

式中：L——方法检出限；

t_f——显著水平为 0.05（单侧）、自由度为 f 的 t 值；

S_{wb}——批内空白值标准偏差；

f——批内自由度，$f=m(n-1)$，m 为重复测定次数，n 为平行测定次数。

②原子吸收分析方法中检出限计算：$L=3S_{wb}$。

③分光光度法以扣除空白值后的吸光值为 0.010 相对应的浓度值为检出限。

（4）及时对异常情况处理：

①异常值的取舍。对检测数据中的异常值，按 GB 4883 标准规定采用 Grubbs 法或 Dixon 法加以判断处理。

②因外界干扰（如停电、停水），检测人员应终止检测，待排除干扰后重新检测，并记录干扰情况。当仪器出现故障时，故障排除后校准合格的，方可重新检测。

（5）使用计算机采集、处理、运算、记录、报告、存储检测数据时，应制定相应的控制程序。

（6）检验报告的编制、审核、签发：检验报告是实验工作的最终结果，是实验室的产品，因此对检验报告质量要高度重视。检验报告应做到完整、准确、清晰、结论正确。必须坚持三级审核制度，明确制表、审核、签发的职责。

除此之外，为保证分析化验质量，提高实验室之间分析结果的可比性，山西省土壤肥料工作站抽查5%～10%样品在省测试中心进行复核，并编制密码样，对实验室进行质量监督和控制。

4. 技术交流 在分析过程中，发现问题及时交流，改进方法，不断提高技术水平。

5. 数据录入 分析数据按规程和方案要求审核后编码整理，和采样点一一对照，确认无误后进行录入。采取双人录入相互对照的方法，保证录入正确率。

第五节 评价依据、方法及评价标准体系的建立

一、评价原则依据

经专家评议，河曲县确定了三大因素12个因子为耕地地力评价指标。

（一）立地条件

指耕地土壤的自然环境条件，它包含与耕地质量直接相关的地貌类型及地形部位、成土母质、地面坡度等。

（1）地貌类型及其特征描述：河曲县由平川到山地垂直分布的主要地形地貌有河川阶地（河漫滩、一级阶地、二级阶地），丘陵（梁地、坡地等）和山地（石质山、土石山等）。

（2）成土母质及其主要分布：在河曲县耕地上分布的母质类型有马兰期黄土，保德红黏土，石灰岩、砂页岩残积物，近代冲积物、洪积物（分布于黄河沿岸阶地及丘陵区各沟谷底部），黄土状母质等类型。

（3）地面坡度：地面坡度反映水土流失程度，直接影响耕地地力，河曲县将地面坡度小于15°的耕地依坡度大小分成5级（＜2.0°、2.1°～5.0°、5.1°～8.0°、8.1°～15.0°、≥15.0°）进入地力评价系统。

（二）土壤属性

（1）土体构型：指土壤剖面中不同土层间质地构造变化情况，直接反映土壤发育及障碍层次，影响根系发育、水肥保持及有效供给，包括有效土层厚度、耕作层厚度、质地构型等三个因素。

①有效土层厚度。指土壤层和松散的母质层之和，按其厚度（厘米）深浅从高到低依次分为6级（＞150、101～150、76～100、51～75、26～50、≤25）进入地力评价系统。

②耕作层厚度。按其厚度（厘米）深浅从高到低依次分为6级（＞30、26～30、21～25、16～20、11～15、≤10）进入地力评价系统。

③质地构型。河曲县耕地质地构型主要分为通体型（包括通体壤、通体黏、通体沙）、夹沙（包括壤夹沙、黏夹沙）、底沙、夹黏（包括壤夹黏、沙夹黏）、深黏、夹砾、底砾、通体少砾、通体多砾、通体少姜、浅姜、通体多姜等。

（2）耕层土壤理化性状：分为较稳定的理化性状（质地、有机质、pH）和易变化的化学性状（有效磷、速效钾）两大部分。

①质地。影响水肥保持及耕作性能。按卡庆斯基制的6级划分体系来描述，分别为沙土、沙壤、轻壤、中壤、重壤、黏土。

②有机质。土壤肥力的重要指标，直接影响耕地地力水平。按其含量（克/千克）从高到低依次分为6级（>25.00、20.01～25.00、15.01～20.00、10.01～15.00、5.01～10.00、≤5.00）进入地力评价系统。

③pH。过大或过小，作物生长发育受抑制。按照河曲县耕地土壤的pH范围，按其测定值由低到高依次分为4级（7.0～7.9、7.9～8.5、8.5～9.0、9.0～9.5）进入地力评价系统。

④有效磷。按其含量（毫克/千克）从高到低依次分为6级（>25.00、20.1～25.00、15.1～20.00、10.1～15.00、5.1～10.00、≤5.00）进入地力评价系统。

⑤速效钾。按其含量（毫克/千克）从高到低依次分为6级（>250、201～250、151～200、101～150、51～100、≤50）进入地力评价系统。

（三）农田基础设施条件

（1）灌溉保证率：指降水不足时的有效补充程度，是提高作物产量的有效途径。分为充分满足，可随时灌溉；基本满足，在关键时期可保证灌溉；一般满足，大旱之年不能保证灌溉；无灌溉条件4种情况。

（2）园（梯）田化水平：按园田化和梯田类型及其熟化程度分为地面平坦、园田化水平高，地面基本平坦、园田化水平较高，高水平梯田，缓坡梯田、熟化程度5年以上，新修梯田和坡耕地6种类型。

二、耕地地力评价方法及流程

1. 技术方法

（1）文字评述法：对一些概念性的评价因子如地形部位、土壤母质、质地构型、质地、园（梯）田化水平、灌溉保证率等进行定性描述。

（2）专家经验法（特尔菲法）：在山西省农科教系统邀请土肥界具有一定学术水平和农业生产实践经验的34名专家，参与评价因素的筛选和隶属度确定（包括概念型和数值型评价因子的评分）。见表2-1。

表2-1　各评价因子专家打分意见

因　子	平均值	众数值	建议值
立地条件（C_1）	1.6	1（17）	1
土体构型（C_2）	3.7	3（15）5（13）	3
较稳定的理化性状（C_3）	4.47	3（13）5（10）	4

（续）

因　子	平均值	众数值	建议值
易变化的化学性状（C_4）	4.2	5（13）3（11）	5
农田基础建设（C_5）	1.47	1（17）	1
地形部位（A_1）	1.8	1（23）	1
成土母质（A_2）	3.9	3（9）5（12）	5
地面坡度（A_3）	3.1	3（14）5（7）	3
耕层厚度（A_4）	2.7	3（17）1（10）	3
剖面构型（A_5）	2.8	1（12）3（11）	1
耕层质地（A_6）	2.9	1（13）5（11）	1
有机质（A_7）	2.7	1（14）3（11）	3
pH（A_8）	4.5	3（10）7（10）	5
有效磷（A_9）	1	1（31）	1
速效钾（A_{10}）	2.7	3（16）1（10）	3
灌溉保证率（A_{11}）	1.2	1（30）	1
园（梯）田化水平（A_{12}）	4.5	5（15）7（7）	5

（3）模糊综合评判法：应用这种数理统计的方法对数值型评价因子（如地面坡度、有效土层厚度、耕层厚度、土壤容重、有机质、有效磷、速效钾、酸碱度、灌溉保证率等）进行定量描述，即利用专家给出的评分（隶属度）建立某一评价因子的隶属函数，见表2－2。

表 2－2　河曲县耕地地力评价数字型因子分级及其隶属度

评价因子	量纲	一级	二级	三级	四级	五级	六级
		量值	量值	量值	量值	量值	量值
地面坡度	°	＜2.0	2.0～5.0	5.1～8.0	8.1～15.0	15.1～25.0	≥25
耕层厚度	厘米	＞30	26～30	21～25	16～20	11～15	≤10
有机质	克/千克	＞25.0	20.01～25.00	15.01～20.00	10.01～15.00	5.01～10.00	≤5.00
pH		6.7～7.0	7.1～7.9	8.0～8.5	8.6～9.0	9.1～9.5	≥9.5
有效磷	毫克/千克	＞25.0	20.1～25.0	15.1～20.0	10.1～15.0	5.1～10.0	≤5.0
速效钾	毫克/千克	＞250	201～250	151～200	101～150	51～100	≤50
灌溉保证率		充分满足	基本满足	基本满足	一般满足	无灌溉条件	

（4）层次分析法：用于计算各参评因子的组合权重。本次评价把耕地生产性能（即耕地地力）作为目标层（G层），把影响耕地生产性能的立地条件、土体构型、较稳定的理化性状、易变化的化学性状、农田基础设施条件作为准则层（C层），再把影响准则层中

的各因素的项目作为指标层（A 层），建立耕地地力评价层次结构图。在此基础上由 34 名专家分别对不同层次内各参评因素的重要性做出判断，构造出不同层次间的判断矩阵。最后计算出各评价因子的组合权重。

（5）指数和法：采用加权法计算耕地地力综合指数，即将各评价因子的组合权重与相应的因素等级分值（即由专家经验法或模糊综合评判法求得的隶属度）相乘后累加，如：

$$IFI = \sum B_i \times A_i (i = 1,2,3,\cdots,12)$$

式中：IFI——耕地地力综合指数；

B_i——第 i 个评价因子的等级分值；

A_i——第 i 个评价因子的组合权重。

2. 技术流程

（1）应用叠加法确定评价单元：把基本农田保护区规划图与土地利用现状图、土壤图叠加形成的图斑作为评价单元。

（2）空间数据与属性数据的连接：用评价单元图分别与各个专题图叠加，为每一评价单元获取相应的属性数据。根据调查结果，提取属性数据进行补充。

（3）确定评价指标：根据全国耕地地力调查评价指数表，由山西省土壤肥料工作站组织 34 名专家，采用特尔菲法和模糊综合评判法确定河曲县耕地地力评价因子及其隶属度。

（4）应用层次分析法确定各评价因子的组合权重。

（5）数据标准化：计算各评价因子的隶属函数，对各评价因子的隶属度数值进行标准化。

（6）应用累加法计算每个评价单元的耕地地力综合指数。

（7）划分地力等级：分析综合地力指数分布，确定耕地地力综合指数的分级方案，划分地力等级。

（8）归入农业部地力等级体系：选择 10%的评价单元，调查近 3 年粮食单产（或用基础地理信息系统中已有资料），与以粮食作物产量为引导确定的耕地基础地力等级进行相关分析，找出两者之间的对应关系，将评价的地力等级归入农业部确定的等级体系《全国耕地类型区、耕地地力等级划分》（NY/T 309—1996）。

（9）采用 GIS、GPS 系统编绘各种养分图和地力等级图等图件。

三、耕地地力评价标准体系建立

1. 耕地地力要素的层次结构 见图 2－2。

2. 耕地地力要素的隶属度

（1）概念性评价因子：各评价因子的隶属度及其描述见表 2－3。

表 2-3　河曲县耕地地力评价概念性因子隶属度及其描述

地形部位	河漫滩	一级阶地	二级阶地	高阶地	垣地	洪积扇(上、中、下)			倾斜平原	梁地	峁地	坡麓	沟谷
隶属度	0.7	1.0	0.9	0.7	0.4	0.4	0.6	0.8	0.8	0.2	0.2	0.1	0.6

母质类型	洪积物	河流冲积物	黄土状冲积物	残积物	保德红土	马兰黄土	离石黄土
隶属度	0.7	0.9	1.0	0.2	0.3	0.5	0.6

质地构型	通体壤	黏夹沙	底沙	壤夹黏	壤夹沙	沙夹黏	通体黏	夹砾	底砾	少砾	多砾	少姜	浅姜	多姜	通体沙	浅钙积	夹白干	底白干
隶属度	1.0	0.6	0.7	1.0	0.9	0.3	0.6	0.4	0.7	0.8	0.2	0.8	0.4	0.2	0.3	0.4	0.4	0.7

耕层质地	沙土	沙壤	轻壤	中壤	重壤	黏土
隶属度	0.2	0.6	0.8	1.0	0.8	0.4

梯(园)田化水平	地面平坦 园田化水平高	地面基本平坦 园田化水平较高	高水平梯田	缓坡梯田 熟化程度 5 年以上	新修梯田	坡耕地
隶属度	1.0	0.8	0.6	0.4	0.2	0.1

灌溉保证率	充分满足	基本满足	一般满足	无灌溉条件
隶属度	1.0	0.7	0.4	0.1

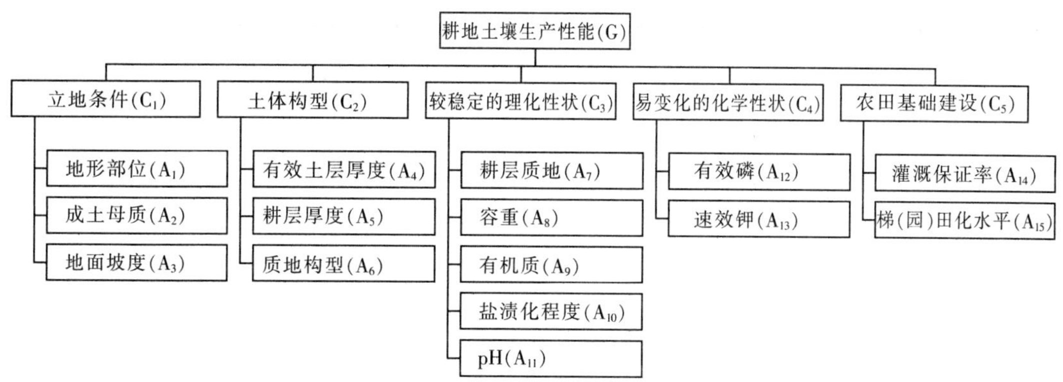

图 2-2　耕地地力要素层次结构

(2) 数值型评价因子：各评价因子的隶属函数（经验公式）见表 2-4。

表 2-4　河曲县耕地地力评价数值型因子隶属函数

函数类型	评价因子	经验公式	C	Ut
戒下型	地面坡度（°）	$y=1/[1+6.492\times10^{-3}\times(u-c)^2]$	3.0	≥25
戒上型	耕层厚度（厘米）	$y=1/[1+4.057\times10^{-3}\times(u-c)^2]$	33.8	≤10
戒上型	有机质（克/千克）	$y=1/[1+2.912\times10^{-3}\times(u-c)^2]$	28.4	≤5.00
戒下型	pH	$y=1/[1+0.5156\times(u-c)^2]$	7.00	≥9.50
戒上型	有效磷（毫克/千克）	$y=1/[1+3.035\times10^{-3}\times(u-c)^2]$	28.8	≤5.00
戒上型	速效钾（毫克/千克）	$y=1/[1+5.389\times10^{-5}\times(u-c)^2]$	228.76	≤50

3. 耕地地力要素的组合权重　河曲县耕地地力评价因子层次分析结果见表 2-5。

表 2-5　河曲县耕地地力评价因子层次分析结果

指标层		准则层					组合权重
		C_1	C_2	C_3	C_4	C_5	$\sum C_i A_i$
		0.394 7	0.075 2	0.056 3	0.079 1	0.394 7	1.000 0
A_1	地形部位	0.652 4					0.257 5
A_2	成土母质	0.130 2					0.051 4
A_3	地面坡度	0.217 4					0.085 8
A_4	耕层厚度		0.250 0				0.018 8
A_5	质地构型		0.750 0				0.056 4
A_6	耕层质地			0.650 1			0.036 6

（续）

指标层		准则层					组合权重
		C_1	C_2	C_3	C_4	C_5	$\sum C_iA_i$
		0.394 7	0.075 2	0.056 3	0.079 1	0.394 7	1.000 0
A_7	有机质			0.216 7			0.012 2
A_8	pH			0.133 2			0.007 5
A_9	有效磷				0.749 7		0.059 3
A_{10}	速效钾				0.250 3		0.019 8
A_{11}	灌溉保证率					0.833 3	0.328 9
A_{12}	园（梯）田化水平					0.166 7	0.065 8

4. 耕地地力分级标准 河曲县耕地地力分级标准见表 2－6。

表 2－6 河曲县耕地地力等级标准

等级	生产能力综合指数	面积（亩）	占面积（%）
一	≥0.84	16 999.10	2.718 4
二	≥0.66～0.84	16 695.58	2.669 9
三	≥0.42～0.66	123 486.68	19.747 4
四	≥0.40～0.42	232 902.15	37.244 7
五	≥0.36～0.40	196 809.16	31.472 9
六	≥0.22～0.36	38 437.32	6.146 7
合计		625 329.99	100.00

第六节 耕地资源管理信息系统建立

一、耕地资源管理信息系统的总体设计

耕地资源信息系统以一个县行政区域内耕地资源为管理对象，应用GIS技术对辖区内的地形、地貌、土壤、土地利用、农田水利、土壤污染、农业生产基本情况、基本农田保护区等资料进行统一管理，构建耕地资源基础信息系统，并将此数据平台与各类管理模型结合，对辖区内的耕地资源进行系统的动态管理，为农业决策者、农民和

农业技术人员提供耕地质量动态变化、土壤适宜性、施肥咨询、作物营养诊断等多方位的信息服务。

本系统行政单元为村，农田单元为基本农田保护块，土壤单元为土种，系统基本管理单元为土壤、基本农田保护块、土地利用现状叠加所形成的评价单元。

1. 系统结构　河曲县耕地资源管理信息系统结构见图 2-3。

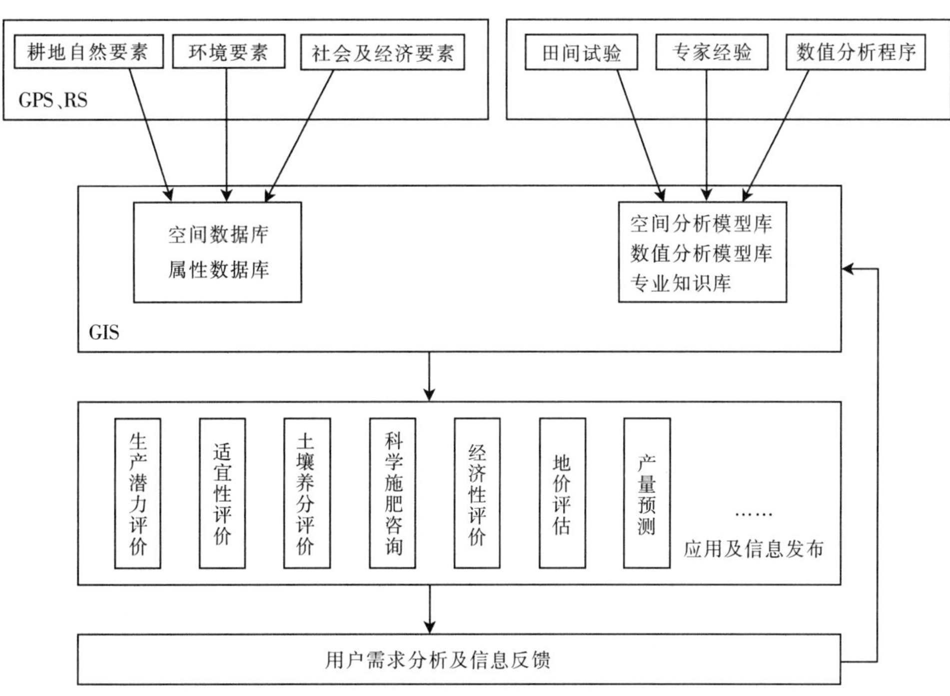

图 2-3　耕地资源管理信息系统结构

2. 县域耕地资源管理信息系统建立工作流程　见图 2-4。

3. CLRMIS、硬件配置

（1）硬件：P_5 及其兼容机，≥2G 的内存，≥20G 的硬盘，≥512M 的显存，A4 扫描仪，彩色喷墨打印机。

（2）软件：Windows2000/XP，Excel/2000/XP 等。

二、资料收集与整理

1. 图件资料收集与整理　图件资料指印刷的各类地图、专题图以及商品数字化矢量和栅格图。图件比例尺为 1∶50 000 和 1∶10 000。

（1）地形图：统一采用中国人民解放军总参谋部测绘局测绘的地形图。由于近年来公路、水系、地形地貌等变化较大，因此采用水利、公路、规划、国土等部门的有关最新图件资料对地形图进行修正。

（2）行政区划图：由于近年撤乡并镇等工作致使部分地区行政区划变化较大，因此按

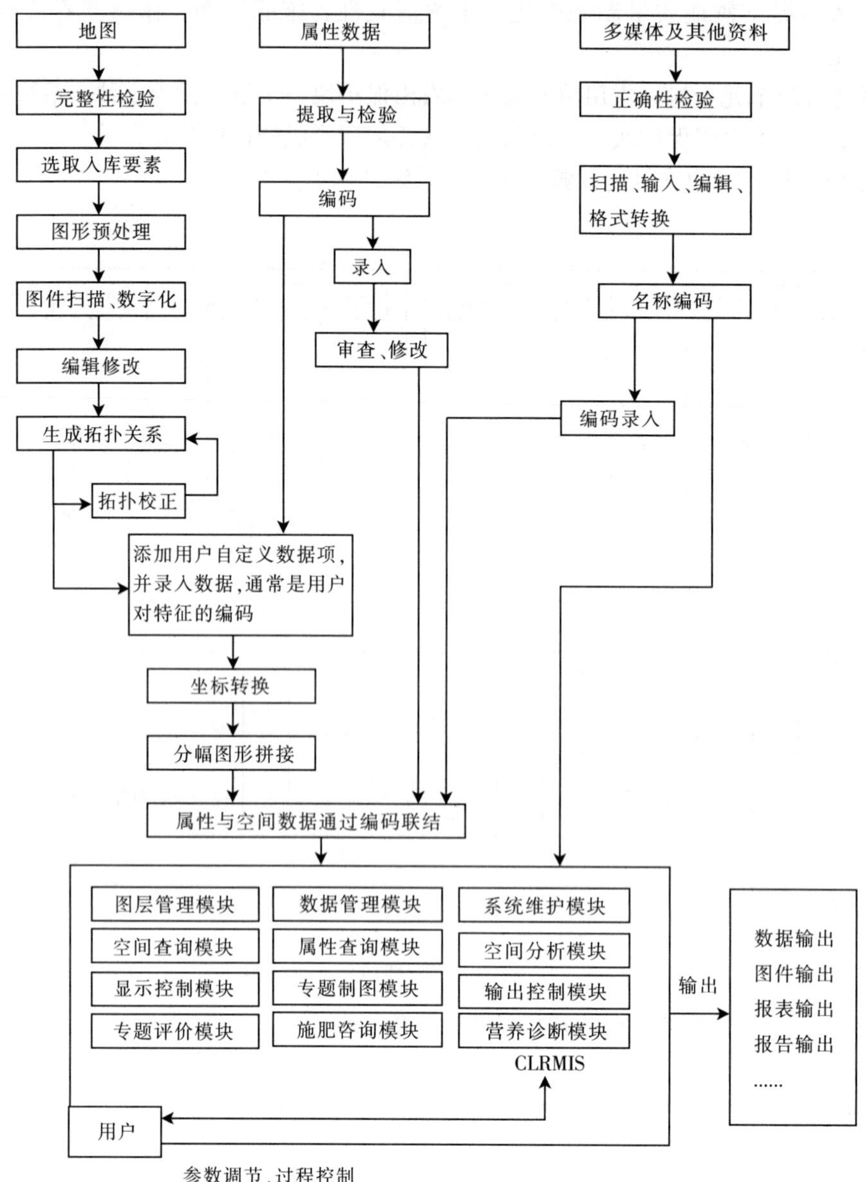

图 2-4　县域耕地资源管理信息系统建立工作流程

最新行政区划进行修正，同时注意名称、拼音、编码等的一致。

（3）土壤图及土壤养分图：采用第二次土壤普查成果图。

（4）基本农田保护区现状图：采用国土局最新划定的基本农田保护区图。

（5）地貌类型分区图：根据地貌类型将辖区内农田分区，采用第二次土壤普查分类系统绘制成图。

（6）土地利用现状图：现有的土地利用现状图。

（7）主要污染源点位图：调查本地可能对水体、大气、土壤形成污染的矿区、工厂等，并确定污染类型及污染强度，在地形图上准确标明位置及编号。

（8）土壤肥力监测点点位图：在地形图上标明准确位置及编号。

（9）土壤普查土壤采样点点位图：在地形图上标明准确位置及编号。

2. 数据资料收集与整理

（1）基本农田保护区一级、二级地块登记表，国土局基本农田划定资料。

（2）其他有关基本农田保护区划定统计资料，国土局基本农田划定资料。

（3）近几年粮食单产、总产、种植面积统计资料（以村为单位）。

（4）其他农村及农业生产基本情况资料。

（5）历年土壤肥力监测点田间记载及化验结果资料。

（6）历年肥情点资料。

（7）县、乡、村名编码表。

（8）近几年土壤、植株化验资料（土壤普查、肥力普查等）。

（9）近几年主要粮食作物、主要品种产量构成资料。

（10）各乡历年化肥销售、使用情况。

（11）土壤志、土种志。

（12）特色农产品分布、数量资料。

（13）主要污染源调查情况统计表（地点、污染类型、方式、强度等）。

（14）当地农作物品种及特性资料，包括各个品种的全生育期，大田生产潜力，最佳播期，移栽期，播种量，栽插密度，百千克籽粒需氮量，需磷量，需钾量等，及品种特性介绍。

（15）一元、二元、三元肥料肥效试验资料，计算不同地区、不同土壤、不同作物品种的肥料效应函数。

（16）不同土壤、不同作物基础地力产量占常规产量比例资料。

3. 文本资料收集与整理

（1）河曲县及各乡（镇）基本情况描述。

（2）各土种性状描述，包括其发生、发育、分布、生产性能、障碍因素等。

4. 多媒体资料收集与整理

（1）土壤典型剖面照片。

（2）土壤肥力监测点景观照片。

（3）当地典型景观照片。

（4）特色农产品介绍（文字、图片）。

（5）地方介绍资料（图片、录像、文字、音乐）。

三、属性数据库建立

（一）属性数据内容

CLRMIS 主要属性资料及其来源见表 2 - 7。

表 2-7 CLRMIS 主要属性资料及其来源

编号	名 称	来 源
1	湖泊、面状河流属性表	水利局
2	堤坝、渠道、线状河流属性数据	水利局
3	交通道路属性数据	交通局
4	行政界线属性数据	农业局
5	耕地及蔬菜地灌溉水、回水分析结果数据	农业局
6	土地利用现状属性数据	国土局、卫星图片解译
7	土壤、植株样品分析化验结果数据表	本次调查资料
8	土壤名称编码表	土壤普查资料
9	土种属性数据表	土壤普查资料
10	基本农田保护块属性数据表	国土局
11	基本农田保护区基本情况数据表	国土局
12	地貌、气候属性表	土壤普查资料
13	县乡村名编码表	统计局

（二）属性数据分类与编码

数据的分类编码是对数据资料进行有效管理的重要依据。编码的主要目的是节省计算机内存空间，便于用户理解使用。地理属性进入数据库之前进行编码是必要的，只有进行了正确的编码，空间数据库与属性数据库才能实现正确连接。编码格式由英文字母与数字组合。本系统主要采用数字表示的层次型分类编码体系，它能反映专题要素分类体系的基本特征。

（三）建立编码字典

数据字典是数据库应用设计的重要内容，是描述数据库中各类数据及其组合的数据集合，也称元数据。地理数据库的数据字典主要用于描述属性数据，它本身是一个特殊用途的文件，在数据库整个生命周期里都起着重要的作用。它避免重复数据项的出现，并提供了查询数据的唯一入口。

（四）数据库结构设计

属性数据库的建立与录入可独立于空间数据库和 GIS 系统，可以在 Access、dbase、Foxbase 和 Foxpro 下建立，最终统一以 dBase 的 dbf 格式保存入库。下面以 dBase 的 dbf 数据库为例进行描述。

1. 湖泊、面状河流属性数据库 lake. dbf

字段名	属性	数据类型	宽度	小数位	量纲
lacode	水系代码	N	4	0	代码
laname	水系名称	C	20		
lacontent	湖泊储水量	N	8	0	万立方米

laflux	河流流量	N	6		立方米/秒

2. 堤坝、渠道、线状河流属性数据 stream. dbf

字段名	属性	数据类型	宽度	小数位	量纲
ricode	水系代码	N	4	0	代码
riname	水系名称	C	20		
riflux	河流、渠道流量	N	6		立方米/秒

3. 交通道路属性数据库 traffic. dbf

字段名	属性	数据类型	宽度	小数位	量纲
rocode	道路编码	N	4	0	代码
roname	道路名称	C	20		
rograde	道路等级	C	1		
rotype	道路类型	C	1		（黑色/水泥/石子/土）

4. 行政界线（省、市、县、乡、村）属性数据库 boundary. dbf

字段名	属性	数据类型	宽度	小数位	量纲
adcode	界线编码	N	1	0	代码
adname	界线名称	C	4		

adcode	name
1	国界
2	省界
3	市界
4	县界
5	乡界
6	村界

5. 土地利用现状* 属性数据库 landuse. dbf

字段名	属性	数据类型	宽度	小数位	量纲
lucode	利用方式编码	N	2	0	代码
luname	利用方式名称	C	10		

* 土地利用现状分类表。

6. 土壤* 属性数据表 soil. dbf

字段名	属性	数据类型	宽度	小数位	量纲
sgcode	土种代码	N	4	0	代码
stname	土类名称	C	10		

ssname	亚类名称	C	20
skname	土属名称	C	20
sgname	土种名称	C	20
pamaterial	成土母质	C	50
profile	剖面构型	C	50

土种典型剖面有关属性数据：

text	剖面照片文件名	C	40
picture	图片文件名	C	50
html	html 文件名	C	50
video	录像文件名	C	40

＊土壤系统分类表。

7. 土壤养分（pH、有机质、氮等）**属性数据库 nutr＊＊＊＊.dbf**

本部分由一系列的数据库组成，视实际情况不同有所差异，如在盐碱土地区还包括盐分含量及离子组成等。

（1）pH 库 nutrph. dbf：

字段名	属性	数据类型	宽度	小数位	量纲
code	分级编码	N	4	0	代码
number	pH	N	4	1	

（2）有机质库 nutrom. dbf：

字段名	属性	数据类型	宽度	小数位	量纲
code	分级编码	N	4	0	代码
number	有机质含量	N	5	2	百分含量

（3）全氮量库 nutrn. dbf：

字段名	属性	数据类型	宽度	小数位	量纲
code	分级编码	N	4	0	代码
number	全氮含量	N	5	3	百分含量

（4）速效养分库 nutrp. dbf：

字段名	属性	数据类型	宽度	小数位	量纲
code	分级编码	N	4	0	代码
number	速效养分含量	N	5	3	毫克/千克

8. 基本农田保护块属性数据库 farmland. dbf

字段名	属性	数据类型	宽度	小数位	量纲
plcode	保护块编码	N	7	0	代码
plarea	保护块面积	N	4	0	亩

cuarea	其中耕地面积	N	6		
eastto	东至		C	20	
westto	西至		C	20	
sorthto	南至		C	20	
northto	北至		C	20	
plperson	保护责任人	C	6		
plgrad	保护级别	N	1		

9. 地貌*、气候属性表 landform. dbf

字段名	属性	数据类型	宽度	小数位	量纲
landcode	地貌类型编码	N	2	0	代码
landname	地貌类型名称	C	10		
rain	降水量		C	6	

* 地貌类型编码表。

10. 基本农田保护区基本情况数据表　（略）

11. 县、乡、村名编码表

字段名	属性	数据类型	宽度	小数位	量纲
vicodec	单位编码-县内	N	5	0	代码
vicoden	单位编码-统一	N	11		
viname	单位名称	C	20		
vinamee	名称拼音	C	30		

（五）数据录入与审核

数据录入前仔细审核，数值型资料注意量纲、上下限，地名应注意汉字多音字、繁简体、简全称等问题，审核定稿后再录入。录入后仔细检查，保证数据录入无误后，将数据库转为规定的格式（dBase 的 dbf 文件格式文件），再根据数据字典中的文件名编码命名后保存在规定的子目录下。

文字资料以 TXT 格式命名保存，声音、音乐以 WAV 或 MID 文件保存，超文本以 HTML 格式保存，图片以 BMP 或 JGP 格式保存，视频以 AVI 或 MPG 格式保存，动画以 GIF 格式保存。这些文件分别保存在相应的子目录下，其相对路径和文件名录入相应的属性数据库中。

四、空间数据库建立

（一）数据采集的工艺流程

在耕地资源数据库建设中，数据采集的精度直接关系到现状数据库本身的精度和今后的应用，数据采集的工艺流程是关系到耕地资源信息管理系统数据库质量的重要基础工作。因此，对数据的采集制定了一个详尽的工艺流程。首先，对收集的资料进行分类检查、整理与预处理；其次，按照图件资料介质的类型进行扫描，并对扫描图件进行扫描校正；再次，进行数据的分层矢量化采集、矢量化数据的检查；最后，对矢量化数据进行坐标投影转换与数据拼接工作以及数据、图形的综合检查和数据的分层与格式转换。具体数据采集的工艺流程见图 2-5。

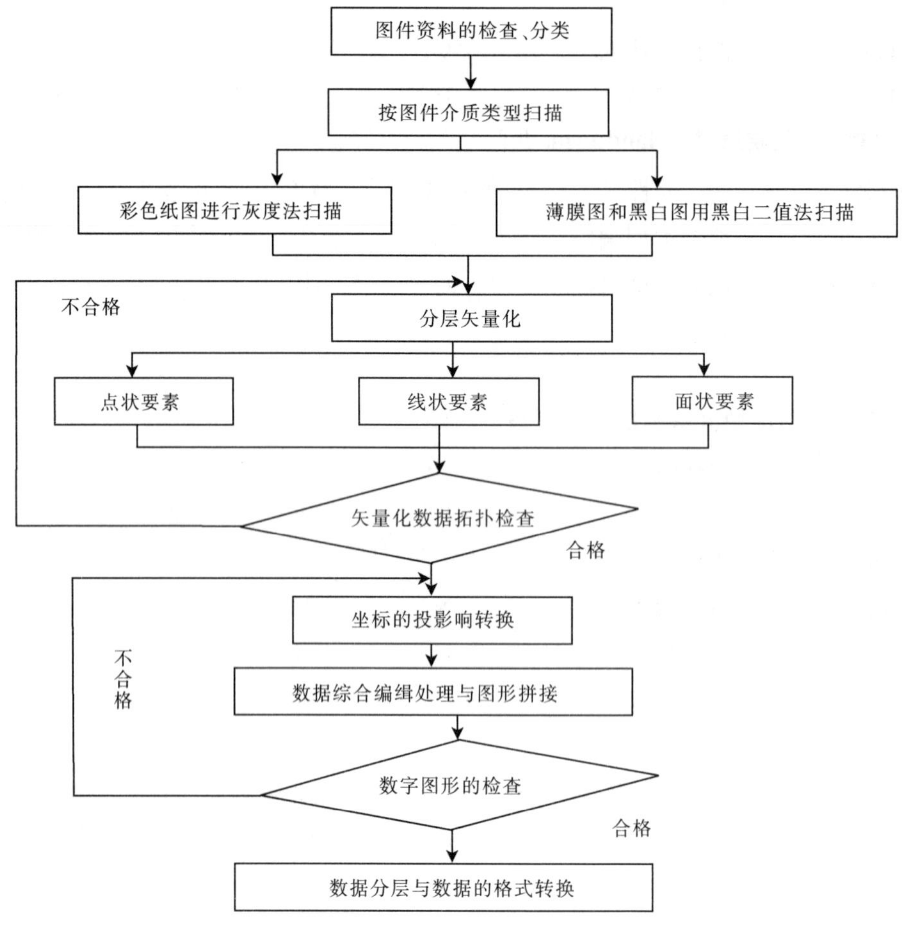

图 2-5 数据采集的工艺流程

（二）图件数字化

1. 图件的扫描 由于所收集的图件资料为纸介质的图件资料，所以我们采用灰度法进行扫描。扫描的精度为 300dpi。扫描完成后将文件保存为 *.TIF 格式。在扫描过程中，为了能够保证扫描图件的清晰度和精度，我们对图件先进行预见扫描。在预见扫描过程中，检查扫描图件的清晰度，其清晰度必须能够区分图内的各要素，然后利用 LontexFss8300 扫描仪自带的 CADimage/scan 扫描软件进行角度校正，角度校正后必须保证图幅下方两个内图廓点的连线与水平线的角度误差小于 0.2°。

2. 数据采集与分层矢量化 对图形的数字化采用交互式矢量化方法，确保图形矢量化的精度。在耕地资源信息系统数据库建设中需要采集的要素有：点状要素、线状要素和面状要素。由于所采集的数据种类较多，所以必须对所采集的数据按不同类型进行分层。

（1）点状要素的采集：可以分为两种类型，一种是零星地类，另一种是注记点。零星地类包括一些有点位的点状零星地类的无点位的零星地类。对于有点位的零星地类，在数据的分层矢量化采集时，将点标记置于点状要素的几何中心点，对于无点位的零星地类在分层矢量化采集时，将点标记置于原始图件的定位点。农化点位、污染源点位等注记点的采集按照原始图件资料中的注记点，在矢量化过程中一一标注相应的位置。

（2）线状要素的采集：在耕地资源图件资料上的线状要素主要有水系、道路、带有宽度的线状地物界、地类界、行政界线、权属界线、土种界、等高线等，对于不同类型的线状要素，进行分层采集。线状地物主要是指道路、水系、沟渠等，线状地物数据采集时考虑到有些线状地物，由于其宽度较宽，如一些较大的河流、沟渠，它们在地图上可以按照图件资料的宽度比例表示为一定的宽度，则按其实际宽度的比例在图上表示；有些线状地物，如一些道路和水系，由于其宽度不能在图上表示，在采集其数据时，则按栅格图上的线状地物的中轴线来确定其在图上的实际位置。对地类界、行政界、土种界和等高线数据的采集，保证其封闭性和连续性。线状要素按照其种类不同分层采集、分层保存，以备数据分析时进行利用。

（3）面状要素的采集：面状要素要在线状要素采集后，通过建立拓扑关系形成区后进行，由于面状要素是由行政界线、权属界线、地类界线和一些带有宽度的线状地物界等结状要素所形成的一系列的闭合性区域，其主要包括行政区、权属区、土壤类型区等图斑。所以对于不同的面状要素，应采用不同的图层对其进行数据的采集。考虑到实际情况，将面状要素分为行政区层、地类层、土壤层等图斑层。将分层采集的数据分层保存。

（三）矢量化数据的拓扑检查

由于在矢量化过程中不可避免地要存在一些问题，因此，在完成图形数据的分层矢量化以后，要进行下一步工作时，必须对分层矢量化以后的数据进行矢量化数据的拓扑检查。在对矢量化数据的拓扑检查中主要是完成以下几方面的工作。

1. 消除在矢量化过程中存在的一些悬挂线段 在线状要素的采集过程中，为了保证线段完全闭合，某些线段可能出现相互交叉的情况，这些均属于悬挂线段。在进行悬挂线段的检查时，首先使用 MapGIS 的线文件拓扑检查功能，自动对其检查和清除，如果其不能够自动清除的，则对照原始图件资料进行手工修正。对线状要素进行矢量化数据检查完成以后，随即由作图员对所矢量化的数据与原始图件资料相对比进行检查，如果在检查过程中发现有一些通过拓扑检查所不能解决的问题，矢量化数据的精度不符合精度要求的，或者是某些线状要素存在着一定的位移而难以校正的，则对其中的线状要素进行重新矢量化。

2. 检查图斑和行政区等面状要素的闭合性 图斑和行政区是反映一个地区耕地资源状况的重要属性，在对图件资料中的面状要素进行数据的分层矢量化采集中，由于图件资料中所涉及的图斑较多，在数据的矢量化采集过程中，有可能存在着一些图斑或行政界的不闭合情况，可以利用 MapGIS 的区文件拓扑检查功能，对在面状要素分层矢量化采集过程中所保存的一系列区文件进行矢量化数据的拓扑检查。在拓扑检查过程中可以消除大多数区文件的不闭合情况。对于不能自动消除的，通过与原始图件资料的相互检查，消除其不闭合情况。如果通过对矢量化以后的区文件的拓扑检查，可以消除在矢量化过程中所出现的上述问题，则进行下一步工作，如果在拓扑检查以后还存在一些问题，则对其进行重新矢量化，以确保系统建设的精度。

（四）坐标的投影转换与图件拼接

1. 坐标转换 在进行图件的分层矢量化采集过程中，所建立的图面坐标系（单位为毫米），而在实际应用中，则要求建立平面直角坐标系（单位为米）。因此，必须利用 MapGIS 所提供的坐标转换功能，将图面坐标转换成为正投影的大地直角坐标系。在坐标转换过程中，为了能够保证数据的精度，可根据提供数据源的图件精度的不同，在坐标转换过程中，采用不同的质量控制方法进行坐标转换工作。

2. 投影转换 县级土地利用现状数据库的数据投影方式采用高斯投影，也就是将进行坐标转换以后的图形资料，按照大地坐标系的经纬度坐标进行转换，以便以后进行图件拼接。在进行投影转换时，对 1∶10 000 土地利用图件资料，投影的分带宽度为 3°。但是根据地形的复杂程度，行政区的跨度和图幅的具体情况，对于部分图形采用非标准的 3°分带高斯投影。

3. 图件拼接 河曲县提供的 1∶10 000 土地利用现状图是采用标准分幅图，在系统建设过程中对图幅进行拼接。在图斑拼接检查过程中，相邻图幅间的同名要素误差应小于 1 毫米，这时移动其任何一个要素进行拼接，同名要素间距在 1～3 毫米的处理方法是将两个要素各自移动一半，在中间部分结合，这样图幅拼接完全满足了精度要求。

五、空间数据库与属性数据库的连接

MapGIS 系统采用不同的数据模型分别对属性数据和空间数据进行存储管理，属性数据采用关系模型，空间数据采用网状模型。两种数据的连接非常重要。在一个图幅工作单元 Coverage 中，每个图形单元由一个标识码来唯一确定。同时一个 Coverage 中可以若干个关系数据库文件即要素属性表，用以完成对 Coverage 的地理要素的属性描述。图形单元标识码是要素属性表中的一个关键字段，空间数据与属性数据以此字段形成关联，完成对地图的模拟。这种关联是 MapGIS 的两种模型联成一体，可以方便地从空间数据检索属性数据或者从属性数据检索空间数据。

对属性与空间数据的连接采用的方法是：在图件矢量化过程中，标记多边形标识点，建立多边形编码表，并运用 MapGIS 将用 Foxpro 建立的属性数据库自动连接到图形单元中，这种方法可由多人同时进行工作，速度较快。

第三章　耕地土壤属性

第一节　耕地土壤类型

一、土壤类型及分布

根据全国第二次土壤普查，1984 年山西省第二次土壤普查土壤工作分类系统，河曲县土壤共分两大土类，6 个亚类，21 个土属，25 个土种。根据 1985 年山西省第二次土壤普查土壤工作分类，河曲县土壤分为 7 个土类，10 个亚类，15 个土属，18 个土种。其分布受地形、地貌、水文、地质条件影响，随地形呈明显变化。具体分布见表 3－1。

表 3－1　河曲县土壤分布状况

<table>
<tr><th>土　类</th><th>亚　类</th><th>土　属</th><th>土　种</th><th>分　布</th></tr>
<tr><td rowspan="7">栗褐土（代号：D）</td><td rowspan="7">淡栗褐土（代号：D. b）</td><td rowspan="2">黄土质淡栗褐土（代号：D. b. 1）</td><td>淡栗黄土（黄土质淡栗褐土）（代号：D. b. 1. 194）</td><td>赵家沟乡、土沟乡、沙泉乡阴塔村 1 450 米以上的土石山地</td></tr>
<tr><td>耕淡栗黄土（耕种壤黄土质淡栗褐土）（代号：D. b. 1. 195）</td><td>除文笔镇外各乡（镇）梁峁梯田缓坡上</td></tr>
<tr><td>红黄土质淡栗褐土（代号：D. b. 2）</td><td>少姜红淡栗黄土（耕种黏壤少料姜红黄土质淡栗褐土）（代号：D. b. 2. 199）</td><td>旧县、鹿固、巡镇、沙坪、楼子营 5 个乡（镇）的沟壑下部坡面上</td></tr>
<tr><td rowspan="3">黄土状淡栗褐土（代号：D. b. 4）</td><td>底黑卧淡栗黄土（耕种壤深位黑垆土层黄土状淡栗褐土）（代号：D. b. 4202）</td><td>红崖峁、沙泉 2 个乡丘陵下部缓坡上</td></tr>
<tr><td>卧淡栗黄土（耕种壤黄土状淡栗褐土）（代号：D. b. 4201）</td><td>楼子营镇至巡镇镇、曲峪村，海拔 850～1 050 米的丘陵缓坡平台</td></tr>
<tr><td>二合淡栗黄土（耕种黏壤黄土状淡栗褐土）（代号：D. b. 4203）</td><td>楼子营、城关、五花城等乡（镇）的二级阶地部位</td></tr>
<tr><td>黑垆土质淡栗褐土</td><td>黑淡栗黄土（耕种壤黑垆土质淡栗褐土）（代号：D. b. 4200）</td><td>沙泉乡朱家川河两侧，海拔 1 200～1 250 米处的河谷狭窄平地上</td></tr>
</table>

（续）

土　类	亚　类	土　属	土　种	分　布
栗褐土（代号：D）	潰栗褐土（代号：D. b）	洪积淡栗褐土（代号：D. b. 5）	二合洪淡栗黄土（耕种黏壤洪积淡栗褐土）（代号：D. b. 5. 204）	各乡丘陵沟壑底部的沟坪坝地上
	栗褐土（代号：D. a）	沙泥质栗褐土（代号：D. a. 3）	沙泥质栗黄土（中厚层砂页岩类栗褐土）（代号土 D. a. 3. 172）	巡镇镇的河南、河北、樊家沟、狗儿洼等村的石质丘陵缓坡上
黄绵土（代号：E）	黄绵土（代号：E. a）	黄绵土（代号：E. a. 1）	黄绵土（壤黄绵土）（代号：Ea. 1. 210）	丘陵区乡镇的沟壑底部的沟坪坝地上
红黏土（代号：F）	红黏土（代号：F. a）	红黏土（代号：F. a. 1）	大瓣红土（黏壤红黏土）（代号 F. a. 1. 213）	巡镇、鹿固等乡（镇）的沟壑两侧
风沙土（代号 H）	草原风沙土（代号：H. a）	固定草原风沙土（代号：H. a. 2）	耕漫沙土（耕种固定草原风沙土）（代号：H. a. 2. 225）	楼子营、刘家塔、巡镇、沙坪乡等乡（镇）的梁峁山坡上
石质土（代号：J）	中性石质土（代号：J. a）	砂页岩类中性石质土（代号：J. a. 2）	砂石砾土（砂页岩类中性石质土）（代号 J. a. 2. 230）	社梁、沙泉、巡镇、旧县、沙坪、刘家塔等乡（镇）沟谷两侧的岩石裸露地段
	钙质石质土（代号：J. b）	钙质石质土（代号：J. b. 1）	灰石砾土（碳酸盐岩钙质石质土）（代号 J. b. 1. 231）	
粗骨土（代号：K）	钙质粗骨土（K. b）	钙质粗骨土（K. b. 1）	薄灰渣土（薄层碳酸盐岩类粗骨土）（代号 K. b. 1. 241）	赵家沟乡、土沟乡的石质山地地段
潮土(代号：N)	脱潮土（代号：N. b）	冲积脱潮土（代号：N. b. 1）	耕脱潮土（耕种壤冲积脱潮土）（代号：N. b. 1. 288）	楼子营、文笔、巡镇一级、二级阶地交接部位，海拔830～840米
	潮土（代号：N. a）	冲积潮土（代号：N. a. 1）	绵潮土（耕种壤冲积潮土）（代号 N. a. 1. 258） 耕二合潮土（耕种黏壤冲积潮土）（代号 N. a. 1. 263）	文笔、巡镇、楼子营，黄河一级阶地及河滩地上，海拔800～830 米

注：1. 表中分类是按 1985 年分类系统分类。

2. 土壤类型特征及主要生产性能中的分类是按照 1985 年标准分类。

二、土壤类型特征及主要生产性能

(一) 栗褐土（代号：D）

分栗褐土与淡栗褐土两个亚类

1. 栗褐土　栗褐土亚类划分为 1 个土属，沙泥质栗褐土；1 个土种，沙泥质栗黄土（中厚层砂页岩类栗褐土）（代号：D. a. 3. 172）。

沙泥质栗黄土：该土属集中分布于巡镇镇河南、河北、樊家沟、狗儿洼等石质丘陵缓坡上，面积为 4 382 亩，占总面积的 0.23%。该土属的土壤特点为：土层薄，仅有 35 厘米左右，发育于沙质泥岩半风化物上，沙石混杂。据群众反映，该土有红长、黑长、白不长之分，捉苗困难，生长有后劲，种植豆类、糜子、谷子等，亩产 50～75 千克。经分析化验，表土含有机质 0.90%、有效磷 4～5 毫克/千克、速效钾 100～110 毫克/千克。

沙泥质栗黄土。该土种典型剖面 06－26 采自巡镇镇河南村小南坡，海拔 920 米，位于河曲县化肥厂 N67°E。自然植被有针茅、蒿属、酸枣、营草、狗尾草、马唐等。剖面形态特征如下：

0～16 厘米：棕黄色，重壤，粒状结构，疏松多孔，土体润，有少量砾石侵入，植物根系多量。

16～35 厘米：黄棕色，重壤，粒状结构，紧实中孔，土体润，有少量砾石侵入，植物根系中量。

35 厘米以下：为沙质泥岩半风化物。

该土为薄层型，温性土，宜加厚土层，作为农田使用。典型剖面理化分析结果见表 3－2。

表 3－2　06－26 典型剖面理化性 状分析结果（1984 年土壤普查数据）

深度（厘米）	有机质（%）	全氮（%）	全磷（%）	pH	碳酸钙（%）	代换量（me/100 克土）	机械组成（%）	
							<0.001 毫米	<0.01 毫米
0～16	0.774	0.058 6	0.036	8.4	3	—	—	—
16～35	0.429	0.040 4	0.024	8.5	2	—	—	—

2. 淡栗褐土　亚类含分 5 个土属，8 个土种，分述如下：

（1）黄土质淡栗褐土（代号：D. b. 1）：该土属划分为淡栗黄土，代号：D. b. 1. 194）和耕淡栗黄土（耕种壤黄土质淡栗褐土，代号：D. b. 1. 195）2 个土种。

①淡栗黄土。该土种主要分布于赵家沟乡山地的沟壑间，面积为 24 271 亩，占总土地面积的 1.25%。典型剖面 21－70 采自赵家沟乡后磨地塔村油坪咀沟、海拔 1 450 米处。自然植被有胡榛、酸刺、绣线菊、针茅、铁秆蒿等，覆盖度阳坡 35%、阴坡 65%左右，目前主要以牧业利用为主。剖面形态特征如下：

0～2 厘米：枯枝落叶草皮层。

2～20 厘米：灰褐色，沙壤，屑粒状结构，疏松多孔，植物根系多量，土体稍润。

20～59 厘米：褐黄色，沙壤，块状结构，稍紧中孔，植物根系中量，有少量 $CaCO_3$

丝状淀积。

59～105 厘米：淡黄色，沙壤，块状结构，紧实少孔，植物根系少量，土体干，有少量$CaCO_3$淀积。

105～150 厘米：浅黄色，沙壤，块状结构，紧实少孔，植物根系少量，有 $CaCO_3$ 淀积。

全剖面石灰反应强烈，属微碱性。

表 3-3 典型剖面理化性状分析结果（1984 年土壤普查数据）

深度（厘米）	有机质（%）	全氮（%）	全磷（%）	pH	碳酸钙（%）	代换量（me/100 克土）	机械组成（%）	
							<0.001 毫米	<0.01 毫米
0～2	枯枝落叶层	—	—	—	—	—	—	—
2～20	0.954	0.056 4	0.048	8.2	7.6	9.01	11.19	23.31
20～59	0.375	0.025 4	0.05	8.3	9.6	7.66	13.17	25.25
59～105	0.454	0.025 8	0.054	8.5	10	7.06	11.11	23.19
105～150	0.31	0.025 8	0.054	8.5	9.8	6.03	15.17	25.23

该土种为自然土壤，土层深厚，土性软绵，疏松通气，中度水蚀，经治理可植树造林，作为林地使用。

②耕淡栗黄土。该土种除文笔镇外，河曲县各乡（镇）都有分布，为当地主要的农业用地。面积为 822 040 亩，占总面积的 42.25%。分布于各乡梁峁梯田缓坡上，较平缓，基本无侵蚀，为丘陵乡村最好的农业用地之一。由于人为培育，施肥较多，耕作较精细，因而较肥沃，主要种植糜黍、山药、谷子等作物，亩产 150 千克左右。据分析化验，有机质含量 0.4%～0.5%、全氮 0.03%～0.04%、有效磷 5～6 毫克/千克、速效钾 120～135 毫克/千克。量图面积 122 217 亩，占总面积的 28%，折实面积 97 774 亩。典型剖面有14-29、12-14 两个。

典型剖面 14-29 采自旧县乡沙万村兔耳梁、海拔 1 000 米，位于本村正北、距离 550 米处，自然植被有狗尾草、蒿属、针茅、画眉等。剖面形态特征如下：

0～17 厘米：淡黄棕色，轻壤，屑粒状结构，疏松多孔，土体稍润，植物根系多量。

17～55 厘米：淡褐黄，轻壤，块状结构，紧实中孔，土体润，有多量 $CaCO_3$ 丝状淀积，植物根系中量。

55～103 厘米：灰黄色，轻壤，块状结构，紧实少孔，土体润，有少量 $CaCO_3$ 丝状淀积，植物根系少量。

103～150 厘米：灰黄色，轻壤，块状结构，紧实少孔，土体润，有少量丝状 $CaCO_3$ 淀积，植物根系少量。

全剖面石灰反应强烈，属微碱性。典型剖面理化性状分析结果见表 3-4。

表 3-4 典型剖面理化性状分析结果（1984 年土壤普查数据）

深度（厘米）	有机质（%）	全氮（%）	全磷（%）	pH	碳酸钙（%）	代换量（me/100 克土）	机械组成（%）	
							<0.001 毫米	<0.01 毫米
0～17	0.35	0.044 2	0.054	8.2	10	7.88	12.56	26.65
17～55	0.46	0.031 3	0.054	8.2	11.8	7.78	12.61	26.5
55～103	0.365	0.016 3	0.054	8.3	11.2	6.68	8.56	24.72
103～150	0.117	0.023 8	0.048	8.5	11.8	7.59	10.54	24.63

该土壤属于上松下紧型，土性温，气、热有余，水分不足，宜进行有机旱作业，可作为基本农田使用。

（2）红黄土质淡栗褐土（代号：D. b. 2)：该土属划分为少姜红淡栗黄土（耕种黏壤少料姜红黄土质淡栗褐土，代号：D. b. 2. 199）1 个土种。

该土零星分布于旧县、鹿固、巡镇、沙坪、楼子营 5 个乡（镇）的沟壑下部坡面上。发育在红土母质上，土体构型紧实致密，母质特点明显，土质黏重，通透差，孔隙小，耕作困难，微生物活动弱，有机质分解慢，石灰反应弱，有料姜，其土壤结构表土为核块状，底土以棱块状为主。经分析化验，土壤含有机质 0.4%～0.5%、全氮 0.03%～0.04%、有效磷 5～7 毫克/千克、速效钾 125～135 毫克/千克。量图面积为 15 881 亩，占总土面积的 0.82%，折实面积为 11 168 亩，分 1 个土种：少姜红淡栗黄土典型剖面有 15-05、06-08 两个。

典型剖面 15-05，采自沙坪乡陆家寨村张家里、海拔 1 020 米，位于本村 N54°W、距离1 120米处，自然植被有蒿属、菅草、沙蓬、狗尾草等。剖面形态特征如下：

0～19 厘米：棕红色，中壤，块状结构，紧实少孔，土体润，$CaCO_3$ 料姜中量，植物根系少量。

19～65 厘米：棕红色，重壤，棱块状结构，紧实少孔，土体润，有少量 $CaCO_3$ 料姜，植物根系少量。

65～105 厘米：棕红色，重壤，棱块状结构，紧实少孔，土体润，有少量 $CaCO_3$ 料姜。植物根少量。

105～150 厘米：棕红色，重壤，棱块状结构，紧实少孔，土体润，有 $CaCO_3$ 料姜中量，无植物根系。

全剖面石灰反应较强，属微碱性。典型剖面理化性状分析结果见表 3-5。

表 3-5 典型剖面理化性状分析结果（1984 年土壤普查数据）

深度（厘米）	有机质（%）	全氮（%）	全磷（%）	pH	碳酸钙（%）	代换量（me/100 克土）	机械组成（%）	
							<0.001 毫米	<0.01 毫米
0～19	0.389	0.029 2	0.041	8.2	2.8	14.09	13.67	42.1
19～65	0.306	0.029 2	0.041	8.3	3.4	15.26	11.64	44.25
65～105	0.318	0.026 5	0.041	8.2	2.2	15.46	5.44	42.18
105～150	0.259	0.030 6	0.043	8.3	8	15.46	9.58	42.23

该土壤为紧实型，凉性土，土体紧密，欠通气，渗透性差，不易耕作，适耕期短，易冲刷，生物活动困难，供肥性差。今后应走有机旱作道路，增施农肥、参沙改黏，改良土壤结构。

(3) 黄土状淡栗褐土（代号：D. b. 4）：该土属划分为底黑卧淡栗黄土（耕种壤深位黑垆土层黄土状淡栗褐土，代号：D. b. 4202）、卧淡栗黄土（耕种壤黄土状淡栗褐土，代号：D. b. 4201）和二合淡栗黄土（耕种黏壤黄土状淡栗褐土，代号：D. b. 4203）3 个土种。

①底黑卧淡栗黄土。该土种分布于红崖峁、沙泉 2 个乡丘陵下部缓坡上，量图面积为 6 742 亩，占总面积的 0.35%，折实面积为 5 056 亩。

典型剖面 19－49 采自沙泉乡社芦子坪村绿子坪、海拔 1 179 米，位于本村 S40°W、距离 700 米处，自然植被有蒿属、菅草、沙蓬、画眉等。剖面形态特征如下：

0～19 厘米：灰黄色，轻壤，屑粒状结构，疏松多孔，稍润，植物根系多量。

19～68 厘米：灰褐色，轻壤，块状结构，稍紧中孔，土体润，有少量 $CaCO_3$ 丝状淀积，植物根系中量。

68～105 厘米：黑褐色，轻壤，块状结构，稍紧中孔，土体润，有中量 $CaCO_3$ 丝状淀积，植物根系少量。

105～150 厘米：黑褐色，轻壤，块状结构，稍紧中孔，土体润，有中量 $CaCO_3$ 丝状淀积，无植物根系。

全剖面石灰反应强烈，微碱性。典型剖面理化性状分析结果见表 3－6。

表 3－6　19－49 典型剖面理化性状分析结果（1984 年土壤普查数据）

深度（厘米）	有机质（%）	全氮（%）	全磷（%）	pH	碳酸钙（%）	代换量（me/100 克土）	机械组成（%）	
							<0.001 毫米	<0.01 毫米
0～19	0.106	0.032	0.049	8.4	7.2	9.04	12.56	28.67
19～68	0.34	0.042 8	0.064	8.3	6.4	11.31	18.76	30.94
68～105	0.896	0.057 8	0.058	8.4	4.8	9.34	16.63	24.71
105～150	0.46	0.053	0.054	8.3	4.6	9.23	15.43	23.11

该土壤为温性土，通体疏松托水保肥，适耕期长，适种作物广，宜建设基本农田，作为粮食生产基地。

②卧淡栗黄土。该土种呈条形分布于楼子营至巡镇、曲峪一线，海拔 850～1 050 米的丘陵缓坡平台部位，另外在阴塔、土沟、前川等乡沟间平台亦有小面积分布。量图面积为 48 767 亩，占总面积的 2.51%，折实面积为 39 014 亩。土壤特点同亚类所述，经化验分析，表土有机质含量 0.5%～0.7%、全氮 0.03%～0.04%、有效磷 5～6 毫克/千克、速效钾 120～130 毫克/千克。

该土种多为旱坪地，部分为高灌地，种植小麦、花生、糜谷、豆类等作物，多为一年一作，少数有一年两作。产量水平差别很大，一般在 50～250 千克。典型剖面有 05－09、01－29 两个。

典型剖面 05－09 采自五花城村东条地、海拔 885 米，位于本村中心冻地 N25°E、距离 625 米处，自然植被有马唐、营草、狗尾、酸枣等。剖面形态特征如下：

0～12 厘米：灰褐色，轻壤，屑粒状结构，疏松多孔，土体润，有少量碳屑侵入，植物根系多量。

12～52 厘米：灰褐色，轻壤，块状结构，紧实中孔，土体润，有少量砾石侵入，植物根系中量。

52～101 厘米：黄色，轻壤，块状结构，紧实少孔，土体润，有中量植物根系。

101～150 厘米：黄色，轻壤，块状结构，紧实少孔，土体润，植物根系少量。

全剖面石灰反应强，微碱性。典型剖面理化性状分析结果见 3－7。

表 3－7 05－09 典型剖面理化性状分析结果（1984 年土壤普查数据）

深度（厘米）	有机质（%）	全氮（%）	全磷（%）	pH	碳酸钙（%）	代换量（me/100 克土）	机械组成（%）	
							<0.001 毫米	<0.01 毫米
0～12	0.93	0.058 5	0.058	8.5	—	10.41	14.65	25.57
12～52	0.715	0.044 9	0.046	8.4	—	7.67	8.58	19.31
52～101	0.306	0.023 8	0.041	8.5	—	6.96	13.37	24.36
101～150	0.306	0.026 5	0.045	8.4	—	6.48	14.61	25.32

该土壤疏松易耕，由于质地适宜，因而保水保肥性较好，作物生长前、中、后期平稳，今后宜发展高灌，提高单位面积产量。

③二合淡栗黄土。该土种集中分布于楼子营、城关、五花城等乡（镇）的二级阶地上，海拔 830～900 米。量图面积为 12 210 亩，占总面积的 0.63%，折实面积为 10 989 亩。该土种发育于黄土状母质上，土体深厚，土质以轻壤为主，土性软绵，上下均匀，无间层；有河水保浇，表土熟化程度高。种植作物有小麦、糜子、高粱、玉米等，多数为一年两作，部分为一年一作，亩产 400～500 千克。

典型剖面 05－02 采自五花城乡五花城堡村营盘圪旦、海拔 852 米，位于本村中心 S74°W、距离 300 米处，自然植被有扁蓄、马唐、狗尾草等。经分析化验，有机质含量 0.8%～1.14%、全氮 0.04%～0.05%、有效磷 6～7 毫克/千克、速效钾 120～130 毫克/千克。形态特征如下剖面：

0～18 厘米：褐灰色，轻壤，屑粒状结构，疏松多孔，土体润，植物根系多量。

18～62 厘米：灰黄色，轻壤，块状结构，稍紧中孔，土体润，有少量 $CaCO_3$ 点状淀积，夹少量砾石，植物根系中量。

62～111 厘米：棕黄色，轻壤，块状结构，紧实少孔，土体润，有少量砾石侵入，植物根系少量。

111～150 厘米：棕黄色，轻壤，块状结构，紧实少孔，土体润，有少量砾石侵入，植物根系少量。

全剖面石灰反应强，微碱性。典型剖面理化性状分析结果见表 3－8。

表 3-8　05-02 典型剖面理化性状分析结果（1984 年土壤普查数据）

深度（厘米）	有机质（%）	全氮（%）	全磷（%）	pH	碳酸钙（%）	代换量（me/100 克土）	机械组成（%）	
							<0.001 毫米	<0.01 毫米
0～18	1.135	0.052 4	0.046	8.3	10	9.03	16.69	25.41
18～62	0.42	0.020 4	0.038	8.5	—	7.27	11.48	20.91
62～111	0.215	0.019	0.043	8.2	—	5	13.36	20.31
111～150	0.306	0.013 6	0.041	8.3	—	5.3	11.34	18.28

该土壤为上松下紧型，温性土，质地适中，疏松好耕，适种作物广，保水保肥，肥效平缓，今后宜注意用养结合，增加土壤有机质，氮磷配合施用，搞好渠道防修，提高水的利用率。

（4）黑垆土质淡栗褐土：该土属划分为黑淡栗黄土（耕种壤黑垆土质淡栗褐土，代号：D. b. 4200）1 个土种。

该土种集中分布于沙泉乡朱家川河两侧，海拔 1 200～1 250 米处的河谷狭窄平地上。量图面积 5 806 亩，占总面积的 0.29%，折实面积 5 225 亩。土壤特点基本同亚类所述，不同点在于 50 厘米以下有一层灰褐色埋藏黑垆土出现，托水保肥。种植作物主要有山药、豆类、谷子等，亩产 100～150 千克。经化验分析，有机质含量 0.5%～1.0%、全氮 0.03%～0.04%、有效磷 5～6 毫克/千克、速效钾 110～130 毫克/千克。

20-63 典型剖面采自沙泉乡涧沟子村王家坪、海拔 1 240 米，位于本村 S40°E、距离 250 米处，自然植被有狗尾草、菅草、蒿属、猪毛菜等，剖面形态特征如下：

0～18 厘米：灰黄色，轻壤，屑粒状结构，疏松多孔，土体润，植物根系多量。

18～54 厘米：黑褐色，轻壤，块状结构，稍紧中孔，土体润，有中量 $CaCO_3$ 点状淀积，植物根系中量。

54～81 厘米：浅褐色，轻壤，块状结构，紧实中孔，土体润，有中量 $CaCO_3$ 点状淀积，根系中量。

81～120 厘米：褐色，轻壤，块状结构，较紧少孔，土体润，有中量 $CaCO_3$ 点状淀积，植物根系少量。

120～150 厘米：灰褐色，轻壤，块状结构，较紧少孔，土体润，有中量 $CaCO_3$ 点状淀积，植物根系少量。

全剖面石灰反应强，微碱性。典型剖面理化性状分析结果见表 3-9。

表 3-9　20-63 典型剖面理化性状分析结果（1984 年土壤普查数据）

深度（厘米）	有机质（%）	全氮（%）	全磷（%）	pH	碳酸钙（%）	代换量（me/100 克土）	机械组成（%）	
							<0.001 毫米	<0.01 毫米
0～18	1.056	0.064 6	0.055	8.4	5.4	8.65	13.52	26.65
18～54	0.95	0.055 8	0.056	8.3	4.6	13.27	13.57	28.81
54～81	1.04	0.070 1	0.055	8.4	5.2	12.40	21.90	33.12
81～120	0.817	0.047 6	0.054	8.4	6.6	9.44	15.65	30.91
120～150	0.476	0.055 8	0.048	8.3	8.6	9.44	19.70	32.88

该土壤上松下紧，质地适中，有埋藏黑垆土层，托水保肥，表土熟化程度高，宜发展有机旱作农业。

(5) 洪积淡栗褐土（代号：D. b. 5）：该土属划分为二合洪淡栗黄土（耕种黏壤洪积淡栗褐土，代号：D. b. 5. 204）1个土种。

二合洪淡栗黄土。该土种零星分布于各乡（镇）丘陵沟壑底部的沟坪坝地上，多属人工打坝淤垫培育而成，发育于洪积冲积-淤积母质上，沙黏层次交替出现，有黏、壤混杂为五花土型，表层土壤较疏松，水、气、热较协调，肥力高，稳产高产，为丘陵区最理想的农业土壤。目前主要种植高粱、玉米等大秋作物，亩产400～500千克。经分析化验，土壤含有机质0.4%～0.7%、全氮0.02%～0.04%、有效磷5～6毫克/千克、速效钾130～140毫克/千克。

典型剖面15－13采自沙坪乡武家庄村西沟大坝、海拔1 000米，位于本村N61°W、距离540米处。量图面积为19 402亩，占总土地面积的0.99%，折实面积为17 462亩。自然植被主要有狗尾草、蒿属、马唐、画眉等。剖面形态特征如下：

0～16厘米：灰棕色，轻壤，屑粒状结构，疏松多孔，土体润，植物根系多量。

16～38厘米：灰黄色，轻壤，块状结构，稍紧多孔，土体润，有中量植物根系。

38～63厘米：灰黄色，中壤，块状结构，紧实少孔，土体湿润，植物根系少量。

63～109厘米：灰黄色，轻壤，块状结构，紧实少孔，土体润，植物根系少量。

109～131厘米：灰黄色，沙壤，块状结构，紧实少孔，土体润，有少量植物根系。

131～150厘米：红棕黄色，重壤，块状结构，紧实少孔，土体湿润，夹有中量$CaCO_3$料姜，植物根系少量。

全剖面石灰反应强，微碱性。典型剖面理化性状分析结果见表3－10。

表3－10 15－13典型剖面理化性状分析结果（1984年土壤普查数据）

深度（厘米）	有机质（%）	全氮（%）	全磷（%）	pH	碳酸钙（%）	代换量（me/100克土）	机械组成（%）	
							<0.001毫米	<0.01毫米
0～16	0.74	0.048 3	0.054	8.2	11.6	19.61	11.66	71.22
16～38	0.082	0.020 4	0.048	8.6	6.6	8.27	13.44	23.17
38～63	0.15	0.022 4	0.051	8.8	9.6	2.45	9.42	41.5
63～109	0.117	0.016 3	0.046	8.7	6.3	6.08	—	—
109～131	0.115	0.019 7	0.054	8.4	7.4	10.14	—	—
131～150	0.22	0.021 8	0.038	8.5	3.2	18.41	6.66	53.99

该土壤质地适中，土壤较肥沃，为丘陵区高产土壤，今后宜做好防洪排洪工程，以防冲毁冲垮。

（二）黄绵土（代号：E）

黄绵土划分为1个亚类黄绵土（代号：E. a），1个土属黄绵土（代号：E. a. 1），1个土种黄绵土（壤黄绵土）（代号：Ea. 1. 210）。

该土类广泛分布在河曲县各乡（镇）丘陵区的沟壑和坡梁地上，面积为748 206亩，占总面积的38.46%。典型剖面有10-54、11-85、04-47、19-57 4个。

典型剖面10-54采自单寨乡阴山村林场背后，位于本村N5°E、距离375米处。母质为黄土质，自然植被有百里香、蒿属、菅草，人工林主要为杨树、刺槐、柠条等，覆盖度达40%～70%。剖面形态特征如下：

0～2厘米：枯枝落叶层。

2～20厘米：灰黄色，沙壤，屑粒结构，稍紧多孔，土体润，有多量植物根系。

20～65厘米：浅黄色，沙壤，块状结构，稍紧少孔，土体润，植物根系中量，有少量$CaCO_3$淀积。

65～102厘米：灰黄色，沙壤，块状结构，紧实少孔，土体润，植物根系中量，有少量$CaCO_3$淀积。

102～150厘米：灰黄色，沙壤，块状结构，紧实少孔，植物根系少量，土体润。

全剖面石灰反应强，微碱性。典型剖面理化性状分析结果见表3-11。

表3-11　10-54典型剖面理化性状分析结果（1984年土壤普查数据）

深度（厘米）	有机质（%）	全氮（%）	全磷（%）	pH	碳酸钙（%）	代换量（me/100克土）	机械组成（%）	
							<0.001毫米	<0.01毫米
0～20	0.437	0.015 5	0.046	8.5	8.8	6.86	12.89	22.89
20～65	0.322	0.016 2	0.05	8.5	17.2	5.5	12.9	17.31
65～102	0.15	0.014 1	0.05	8.8	10.4	5.07	12.89	19.29
102～150	0.247	0.020 2	0.051	8.6	9.6	5.96	10.92	23.37

典型剖面04-47采自刘家塔乡串家洼村胡芦段，位于本村N70°W、距离875米处。发育在黄土母质上，自然植被主要有蒿属、针茅、菅草等。剖面形态特征如下：

0～20厘米：灰黄色，轻壤，碎块状结构，疏松多孔，植物根系多量，土体稍润。

20～60厘米：灰黄色，轻壤，块状结构，稍紧中孔，土体润，植物根系多量，有少量$CaCO_3$淀积。

60～100厘米：灰黄色，轻壤，块状结构，紧实少孔，土体润，植物根系少量，有少量$CaCO_3$淀积。

100～150厘米：淡黄色，轻壤，块状结构，紧实少孔，土体润，植物根系少量，有少量$CaCO_3$淀积。

全剖面石灰反应强烈，微碱性。典型剖面理化性状分析结果见表3-12。

表3-12　04-47典型剖面理化分析结果（1984年土壤普查数据）

深度（厘米）	有机质（%）	全氮（%）	全磷（%）	pH	碳酸钙（%）	代换量（me/100克土）	机械组成（%）	
							<0.001毫米	<0.01毫米
0～20	0.666	0.036 4	0.054	8.3	9.7	6.18	13.35	24.02
20～60	0.58	0.028 3	0.05	8.3	10	5.58	15.32	23.95
60～100	0.172	0.015 5	0.049	8.7	9	5.91	13.33	19.95
100～150	0.322	0.016 2	0.054	8.6	9.7	6.40	13.92	18.89

该土壤沟壑发育，坡陡崖立，植被稀疏，侵蚀严重，农、林、牧用地都很困难。今后宜结合小流域治理，按其宜林则林，宜牧则牧的原则，统一规划，分期治理，增加地面覆盖度，控制水土流失。

（三）红黏土（代号：F）

红黏土划分为 1 个亚类红黏土（代号：F.a），1 个土属红黏土（代号：F.a.1），1 个土种大瓣红土（黏壤红黏土）（代号 F.a.1.213）。

该土类集中分布于巡镇、鹿固等乡（镇）的沟壑两侧，发育在红土母质上，土性黏重，结构紧密，通气差。面积 15 881 亩，占总土地面积的 0.82%。

典型剖面 06－10 采自巡镇镇黄柏村西沟、海拔 1 025 米，位于 1 143 米高程点 S32°W、距离 250 米处。自然植被主要有蒿草、针茅、狗尾草等。剖面形态特征如下：

0～20 厘米，棕红色，重壤，碎块状结构，稍紧多孔，土体润，植物根系多量。

20～70 厘米，棕红色，重壤，块状结构，紧实少孔，土体润，$CaCO_3$ 料姜多量，植物根系少量。

70～105 厘米，红黄色，重壤，棱块状结构，紧实少孔，土体润，$CaCO_3$ 料姜多量，植物根系少量。

105～150 厘米，红棕色，重壤，棱块状结构，紧实少孔，土体润，植物根系少量。

全剖面石灰反应不强，微碱性。典型剖面理化性状分析结果见表 3－13。

表 3－13　06－10 典型剖面理化分析结果（1984 年土壤普查数据）

深度（厘米）	有机质（%）	全氮（%）	全磷（%）	pH	碳酸钙（%）	代换量（me/100 克土）	机械组成（%）	
							<0.001 毫米	<0.01 毫米
0～20	0.378	0.028 6	0.041	—	6.4	15.34	9.13	39.99
20～70	0.155	0.024 3	0.038	—	6.0	25.29	8.88	64.88
70～105	0.089	0.017 5	0.032	—	4.4	17.21	8.88	42.88
105～150	0.488	0.027	0.043	—	4.8	29.00	4.88	72.88

该土壤地处陡坡，悬崖峭壁，加之土性黏重，结构紧实，土壤侵蚀严重，通透性差，植物扎根困难，所以农林牧使用都有困难，为暂难利用地。

（四）风沙土（代号 H）

风沙土划分为 1 个亚类草原风沙土（代号：H.a），1 个土属固定草原风沙土（代号：H.a.2），1 个土种耕漫沙土（耕种固定草原风沙土，代号：H.a.2.225）。

该土壤零星分布于楼子营、刘家塔、巡镇、前川、陆固、旧县、社梁、沙泉、沙坪等乡（镇）的梁峁背风坡上，尤以沙坪乡面积大、较集中。土壤特点：发育在风积沙土母质上，因人工种植柠条、刺槐等耐旱林木，固沙培育而成。土壤无层次，以沙土-沙壤为主，结构松散，养分贫乏。该土共有面积 23 709 亩，占总面积的 1.22%。典型剖面保留 18－15、02－32 两个。

典型剖面 18－15 采自沙坪乡刘家庄子村、海拔 1 200 米，位于本村 S8°W、距离 150

米处，自然植被有沙蓬、沙蒿、百里香、沙棘豆、菅草。人工林有柠条、刺槐等。剖面形态特征如下：

0～30 厘米：灰棕色，沙壤，块状结构，松散多孔，土体润，植物根系多量。

30～73 厘米：灰棕色，沙壤，块状结构，稍紧多孔，土体润，有多量植物根系。

73～115 厘米：灰棕色，沙壤，块状结构，稍紧多孔，土体润，植物根系少量。

115～150 厘米：灰棕色，沙壤，块状结构，稍紧多孔，土体润，植物根系少量。

典型剖面理化性状分析结果见表 3－14。

表 3－14　18－15 典型剖面理化性状分析结果（1984 年土壤普查数据）

深度（厘米）	有机质（%）	全氮（%）	全磷（%）	pH	碳酸钙（%）	代换量（me/100 克土）	机械组成（%）	
							＜0.001 毫米	＜0.01 毫米
0～30	0.089	0.010 2	0.046	8.7	7.8	5.07	10.97	15.01
30～73	0.089	0.010 2	0.043	8.7	7.4	4.68	10.93	12.94
73～115	0.199	0.014 3	0.048	8.6	8.8	6.52	8.99	17.1
115～150	0.199	0.011 6	0.049	8.6	7.8	6.17	8.95	12.98

该土壤为松散型，热性土，质地粗，结构差，干旱瘠薄，宜草灌结合，先灌后乔，防风固沙，作为林地使用。

（五）石质土（代号：J）

石质土（代号：J）该土类划分为 2 个亚类：中性石质土（代号：J. a）、钙质石质土（代号：J. b）。分布于社梁、沙泉、巡镇、旧县、沙坪、刘家塔等乡（镇）沟谷两侧的岩石裸露地段，面积为 61 464 亩，占总面积的 3.16%。土壤特点可概括为如下几点：土层极薄，侵蚀严重，50%的面积母岩裸露，光山秃岭；表土砾石含量大于 70%。

1. 钙质石质土　该亚类型分为 1 个土属钙质石质土（代号：J. b. 1），1 个土种灰石砾土（碳酸盐岩钙质石质土）（代号 J. b. 1. 231）。该土壤集中分布于沙坪、社梁、沙泉等乡（镇）的沟谷两侧，面积为 4 794 亩，占总面积 0.25%。

典型剖面 18－29 采自沙坪乡胡坪咀村石香楼、海拔 1 020 米，位于乔家沟村 S77°W、距离 1 200 米处。自然植被有百里香、蒿属、针茅等，覆盖度 20%左右剖面形态特征如下：

表层为极薄的枯枝枯草层。

0～18 厘米：灰黄色，沙壤，屑粒状结构，疏松多孔，土体润，有砾石侵入，植物根系多量。

18～27 厘米：灰棕色，沙壤，碎块状结构，稍紧多孔，土体润，植物根系多量，砾石含量多。

27～76 厘米：石灰岩质半风化物。

76 厘米以下：母岩。

全剖面石灰反应强烈，微碱性。典型剖面理化性状分析结果见表 3－15。

表 3-15　18-29 典型剖面理化性状分析结果（1984 年土壤普查数据）

深度（厘米）	有机质（%）	全氮（%）	全磷（%）	pH	碳酸钙（%）	代换量（me/100 克土）	机械组成（%）	
							<0.001 毫米	<0.01 毫米
0～18	0.732	0.053	0.054	8.5	7.8	10.27	11.12	21.35
18～27	1.818		0.054	7.9	3.2	5.07	19.45	41.87

该土土层薄，砾石含量多，母岩裸露，农、林、牧用地都非常困难。今后应注意恢复生态平衡，控制水土流失。

2. 中性石质土　该亚类划分为 1 个土属砂页岩类中性石质土（代号：J. a. 2），1 个土种砂石砾土（砂页岩类中性石质土）（代号 J. a. 2. 230）。该土壤分布于黄河沿岸的文笔、巡镇、鹿固、旧县、沙坪等乡（镇）的沟谷下部两侧，面积为 56 670 亩，占总面积 2.91%。

典型剖面 07-26 采自鹿固乡石仁村西子坡、海拔 950 米，位于本村 N55°W、距离 500 米处。自然植被有蒿属，百里香、针茅等。剖面形态特征如下：

0～2 厘米：枯枝落叶层。

2～17 厘米：灰黄色，沙壤，碎块状结构，疏松多孔，土体润，有少量砾石侵入，根系多量。

17～79 厘米：砂页岩质半风化物。

79 厘米：以下为母岩。

全剖面石灰反应强烈，属微碱性。典型剖面理化性状分析结果见表 3-16。

表 3-16　07-26 典型剖面理化性状分析结果（1984 年土壤普查数据）

深度（厘米）	有机质（%）	全氮（%）	全磷（%）	pH	碳酸钙（%）	代换量（me/100 克土）	机械组成（%）	
							<0.001 毫米	<0.01 毫米
0～17	0.862	0.055 1	0.045	8.5		7.97	13.52	33.88
17～79	0.158	0.011 6	0.012	8.3		9.73	13.38	35.56

该土壤土层薄，砾石含量多，农、林、牧用地都非常困难。今后应注意保持生态平衡，严禁放牧，控制水土流失。

（六）粗骨土（代号：K）

粗骨土划分为 1 个亚类钙质粗骨土（K. b），1 个土属钙质粗骨土（K. b. 1），1 个土种薄灰渣土（薄层碳酸盐岩类粗骨土）（代号 K. b. 1. 241）。该土分布于赵家沟乡的赵家沟贾家山、阎老殿、大尾塔、王家沟、金家沟村，土沟乡的石窑洼、马圈洼、王家山、石家梁、潘家山等地的石质山地地段。

典型剖面 21-49 采自赵家沟乡阎老殿村石湾，位于本村 S37°W700 米处。母质为石灰岩质残积坡积物，海拔 1 350～1 637 米，面积为 14 682 亩，占总面积的 0.75%。自然植被有铁秆蒿、针茅、酸刺、百里香、野刺玫等草灌植物，植被低矮，较稀疏，坡度大，水土流失严重，母岩裸露现象到处可见，土体厚度为 20～30 厘米。目前，主要放牧利用。

剖面形态特征如下：

0～2 厘米，极薄的枯枝落叶层。

2～23 厘米，灰黄色，轻壤，块状结构，稍紧多孔，多量植物根系，夹少量砾石。

23～29 厘米，石灰岩质半风化物。

29 厘米以下：为母岩层。

全剖面润，石灰反应强，微碱性。典型剖面理化性状分析结果见表 3－17。

表 3－17　21—49 典型剖面理化性状分析结果（1984 年土壤普查数据）

深度（厘米）	有机质（%）	全氮（%）	全磷（%）	pH	碳酸钙（%）	代换量（me/100 克土）	机械组成（%）	
							＜0.001 毫米	＜0.01 毫米
0～2	枯枝落叶层	—	—	—	—	—	—	—
2～23	1.385	0.082 3	0.049	8.3	10.4	9.33	13.15	25.23

该土壤有机质含量较高，土体湿润，疏松通气。但土层太薄，侵蚀严重，农林用地困难，仅可生长草被，供放牧使用。

（七）潮土（代号：N）

该土类为河曲县非地带性隐域性土壤，分布在黄河沿岸一级阶地及部分河漫滩、山前洼地上，海拔 800～820 米，面积为 37 381 亩，占总面积的 1.92%。潮土发育于冲积淤积母质上，层次明显，沙黏相间，是一种受生物气候影响较小，在地下水作用及土壤草甸化过程中占了主导成土因素而形成的一种隐域性土壤。其成土过程为：由于地下水埋深在2～6米，潜水流动较为通畅，水质较好。在降水影响下，随季节上下移动，使底土在氧化还原交替过程中产生了铁锰锈斑。主要特点为：土体湿润，发育于冲积淤积母质上，层次明显，有特殊的诊断层次——锈纹斑。颜色灰褐，肥力水平高，为河曲县最好的农业用地之一。按照土壤形成特征及过渡类型，可分为脱潮土和潮土 2 个亚类，分述如下：

1. 脱潮土　脱潮土（代号：N.b）划分为 1 个土属冲积脱潮土（代号：N.b.1），1 个土种耕脱潮土（耕种壤冲积脱潮土，代号：N.b.1.288）。

该土类集中分布于楼子营、文笔、巡镇等乡（镇）的二级阶地交接部位，海拔 830～840 米，它是一种由潮土向灰褐土过渡的土壤类型。种植作物主要是小麦、糜子、葵花、花生、白菜等，亩产 400～500 千克。经化验，表土含有机质 1%～1.5%、全氮 0.04%～0.055%、有效磷 7～8 毫克/千克、速效钾 120～130 毫克/千克，量图面积为 10 079 亩，占总面积的 1.03%，折实面积为 18 068 亩。该土壤有 01－60、01－44 两个典型剖面。

典型剖面 01－44 采自文笔镇坪泉村中尖坪，位于本村中心 N68°E、825 米处。自然植被有灰绿藜、水稗、车前子等，地下水 10 米左右。剖面形态特征如下：

0～16 厘米：淡棕褐，沙壤，块状结构，紧实多孔，润，植物根系多量。

16～35 厘米：棕红色，沙壤，块状结构，紧实多孔，润，植物根系多量。

65～103 厘米：灰褐色，轻壤，块状结构，紧实多孔，润，有少量砾石侵入，植物根系中量。

103～136 厘米：灰褐色，轻壤，块状结构，紧实中孔，土体润，有中量锈纹斑，植物根系少量。

全剖面石灰反应较强，微碱性。典型剖面理化性状分析结果见表 3－18。

表 3－18　01－44 典型剖面理化性状分析结果（1984 年土壤普查数据）

深度（厘米）	有机质（%）	全氮（%）	全磷（%）	pH	碳酸钙（%）	代换量（me/100 克土）	机械组成（%）	
							<0.001 毫米	<0.01 毫米
0～16	1.206	0.072 1	0.064	8.4	6.8	10.81	6.5	14.43
16～65	0.638	0.032 6	0.046	8.0	6.4	4.31	4.5	14.55
65～103	0.916	0.051 7	0.069	8.1	8.0	7.93	8.54	22.66
103～136	0.638	0.044 2	0.126	8.1	13.6	10.5	8.59	30.88
136～150	0.69	0.031 3	0.08	8.3	11.4	7.75	8.55	18.64

该土壤疏松透气，土体结构为上松下紧型，土壤水、气、热协调，为河曲县高产土壤类型。今后宜注意种地与养地相结合，增施有机肥料，提高单位面积产量。

2. 潮土　潮土（代号：N. a）划分为 1 个土属冲积潮土（代号：N. a. 1），2 个土种绵潮土（耕种壤冲积潮土，代号：N. a. 1. 258）和耕二合潮土（耕种黏壤冲积潮土，代号：N. a. 1. 263）。

（1）绵潮土（耕种壤冲积潮土）：典型剖面 01－48 采自文笔镇南元村九梁滩、海拔 835 米，位于本村中心 S35°W、1 550米处。自然植被有水稗、灰绿藜、旋复花等，地下水位 2 米左右。剖面形态特征如下：

0～13 厘米：浅棕黄，沙壤，碎块状结构，疏松多孔，土体稍润，植物根系多量。

13～39 厘米：浅棕黄，沙壤，粒状结构，疏松多孔，土体稍润，植物根系中量。

39～68 厘米：灰黄色，沙土，单粒状结构，松散多孔，土体润，植物根系少量。

68～109 厘米：灰黄色，沙土，单粒状结构，松散多孔，土体润，植物根系少量。

109～150 厘米：灰黄色，沙土，单粒状结构，松散多孔，土体润，有中量锈纹锈斑，植物根系少量。

全剖面石灰反应强，微碱性。01－48 典型剖面理化性状分析结果见表 3－19。

表 3－19　01－48 典型剖面理化分析结果（1984 年土壤普查数据）

深度（厘米）	有机质（%）	全氮（%）	全磷（%）	pH	碳酸钙（%）	代换量（me/100 克土）	机械组成（%）	
							<0.001 毫米	<0.01 毫米
0～13	0.317	0.0442	0.05	8.4	6.8	7.26	8.55	14.6
13～39	0.17	0.015	0.044	8.1	5.8	6.57	6.5	12.52
39～68	0.17	0.019	0.043	8.2	6.2	5.27	6.48	12.48
68～109	0.317	0.017	0.045	8.1	7.2	7.45	6.49	12.51
109～150	0.227	0.016 3	0.041	8.2	6.8	5.47	8.48	12.48

该土壤质地粗，结构差，易风蚀、水蚀，地处河畔，受洪水威胁。宜植树造林，作为黄河保护林带使用。

典型剖面 01－57 采自文笔镇南元村城圪坨、海拔 832 米，位于本村中心 S58°W、距离 925 米处。自然植被有灰绿藜、驴耳风毛菜等，地下水位 7.5 米。剖面形态特征如下：

0～17 厘米：褐黄色，轻壤，屑粒状结构，疏松多孔，土体稍润，有少量碳屑侵入，植物根系多量。

17～52 厘米：淡棕黄，中壤，块状结构，紧实多孔，土体润，有少量碳屑侵入，植物根系中量。

52～73 厘米：灰黄色，轻壤，块状结构，紧实少孔，土体润，有少量锈纹锈斑，植物根系中量。

73～105 厘米：灰黄色，轻壤，块状结构，紧实少孔，土体润，有少量锈纹锈斑，植物根系少量。

105～150 厘米：灰黄色，轻壤，块状结构，紧实少孔，植物根系少量。

全剖面石灰反应较强，微碱性。01－57 典型剖面理化性状分析结果见表 3－20。

该土壤质地适中，熟化程度高，为河曲县理想的农业用地，种植小麦、糜子、高粱、玉米等作物，一年一作或两作，亩产 400～500 千克，今后宜加强园田化建设，注意用地与养地结合，氮、磷肥配合使用，防止养分失调。

表 3－20　01－57 典型剖面理化性状分析结果（1984 年土壤普查数据）

深度（厘米）	有机质（%）	全氮（%）	全磷（%）	pH	碳酸钙（%）	代换量（me/100 克土）	机械组成（%）	
							＜0.001 毫米	＜0.01 毫米
0～17	1.43	0.089 8	0.064	8.2	8.8	12.58	12.64	29.46
17～52	1.29	0.079 6	0.068	8.1	7.2	14.08	14.64	37.51
52～73	0.567	0.036 0	0.048	8.1	6.8	7.47	6.55	19.29
73～105	0.157	0.034 0	0.045	8.3	8.0	7.06	10.48	19.16
105～150	0.95	0.059 8	0.074	8.5	7.2	12.6	8.57	27.39

（2）耕二合潮土（耕种黏壤冲积潮土）：分布于巡镇乡河南村以南、县化肥厂以北的山前洼地，量图面积为 712 亩，占总面积的 0.04%，折实面积 641 亩。据调查，这片洼地原为黄河河道转弯处，是在 1941 年以后，经人为改河，将黄河送直，空出此地；逐年经人为淤灌培育形成。土壤特点除土属所述外，部分地块有漏沙型，少数地块春季有返盐现象，但不影响捉苗。经化验，表土有机质含量 1%～1.5%、速效磷 4～5 毫克/千克。

典型剖面 06－29 采自巡镇乡河南村东 40 亩、海拔 840 米，位于县化肥厂正北、距离 250 米处。自然植被有水稗、苍耳、旋复花、灰绿藜等，地下水位 5 米左右。剖面形态特征如下：

0～15 厘米：棕褐色，中壤，屑粒状结构，疏松多孔，土体润，植物根系多量。

15～63 厘米：棕褐色，中壤，碎块状结构，紧实中孔，土体潮润，植物根系多量。

63～78 厘米：黄褐色，中壤，核块状结构，紧实少孔，土体潮润，有多量锈纹锈斑，植物根系少量。

78～101 厘米：暗褐色，中壤，核块状结构，紧实少孔，土体潮润，植物根系少量。

101～150 厘米：暗褐色，中壤，核块状结构，紧实少孔，土体潮润，植物根系少量。

全剖面润，石灰反应强，微碱性。06－29 典型剖面理化性状分析结果见表 3－21。

表 3－21　06－29 典型剖面理化分析结果（1984 年土壤普查数据）

深度（厘米）	有机质（%）	全氮（%）	全磷（%）	pH	碳酸钙（%）	代换量（me/100 克土）	机械组成（%）	
							<0.001 毫米	<0.01 毫米
0～15	0.849	0.063 3	0.032	8.4	2.2	39.97	23.85	40.96
15～63	0.494	0.026 3	0.032	8.4	1.5	36.78	23.95	43.22
63～78	0.3	0.026 3	0.038	8.8	3.6	28.35	19.48	42.6
78～101	0.344	0.026 3	0.032	8.9	1.4	37.18	24.16	45.7
101～150	0.29	0.025 6	0.028	8.7	1.4	79.83	28.88	47.28

该土壤土质黏重，结构紧实，耕作困难，通透性差，易涝耐旱，有后劲。宜掌握适耕期，掺沙改土选育抗涝品种，防止次生盐渍化的威胁。

第二节　有机质及大量元素

土壤大量元素背景值的表达方式以各统计单元养分汇总结果的算术平均值和标准差来表示，分别以单体 N、P、K 表示。表示单位：有机质、全氮用克/千克表示，有效磷、速效钾、缓效钾用毫克/千克表示。

土壤有机质、全氮、有效磷、速效钾等以《山西省耕地土壤养分含量分级参数表》为标准各分 6 个级别，见表 3－22。

表 3－22　山西省耕地地力土壤养分耕地标准

级　别	Ⅰ	Ⅱ	Ⅲ	Ⅳ	Ⅴ	Ⅵ
有机质（克/千克）	>25.00	20.01～25.00	15.01～20.00	10.01～15.00	5.01～10.00	≤5.00
全氮（克/千克）	>1.50	1.201～1.50	1.001～1.200	0.751～1.000	0.501～0.750	≤0.50
有效磷（毫克/千克）	>25.00	20.01～25.00	15.1～20.0	10.1～15.0	5.1～10.0	≤5.0
速效钾（毫克/千克）	>250	201～250	151～200	101～150	51～100	≤50
缓效钾（毫克/千克）	>1 200	901～1 200	601～900	351～600	151～350	≤150
阳离子代换量（厘摩尔/千克）	>20.00	15.01～20.00	12.01～15.00	10.01～12.00	8.01～10.00	≤8.00
有效铜（毫克/千克）	>2.00	1.51～2.00	1.01～1.50	0.51～1.00	0.21～0.50	≤0.20
有效锰（毫克/千克）	>30.00	20.01～30.00	15.01～20.00	5.01～15.00	1.01～5.00	≤1.00
有效锌（毫克/千克）	>3.00	1.51～3.00	1.01～1.50	0.51～1.00	0.31～0.50	≤0.30
有效铁（毫克/千克）	>20.00	15.01～20.00	10.01～15.00	5.01～10.00	2.51～5.00	≤2.50
有效硼（毫克/千克）	>2.00	1.51～2.00	1.01～1.50	0.51～1.00	0.21～0.50	≤0.20

（续）

级　　别	Ⅰ	Ⅱ	Ⅲ	Ⅳ	Ⅴ	Ⅵ
有效钼（毫克/千克）	>0.30	0.26～0.30	0.21～0.25	0.16～0.20	0.11～0.15	≤0.10
有效硫（毫克/千克）	>200.00	100.1～200	50.1～100.0	25.1～50.0	12.1～25.0	≤12.0
有效硅（毫克/千克）	>250.0	200.1～250.0	150.1～200.0	100.1～150.0	50.1～100.0	≤50.0
交换性钙（克/千克）	>15.00	10.01～15.00	5.01～10.0	1.01～5.00	0.51～1.00	≤0.50
交换性镁（克/千克）	>1.00	0.76～1.00	0.51～0.75	0.31～0.50	0.06～0.30	≤0.05

一、含量与分布

（一）有机质

河曲县耕地土壤有机质含量变化为2～37.5克/千克，平均值为8.1克/千克，属五级水平。见表3-23。

（1）不同行政区域：文笔镇平均值最高，为12.76克/千克；其次是楼子营镇，平均值为10.47克/千克；最低是社梁乡，平均值为6.00克/千克。

（2）不同母质：冲积淤积物平均值最高，为17.35克/千克；其次是冲积物平均值，为17.18克/千克；最低是红土母质，平均值为5.14克/千克。

（3）不同土壤类型：潮土最高，平均值为14.75克/千克；栗褐土最低，平均值为7.81克/千克。

（二）全氮

河曲县土壤全氮含量变化范围为0.049～2.615克/千克，平均值为0.44克/千克，属六级水平。见表3-23。

（1）不同行政区域：文笔镇平均值最高，为0.57克/千克；其次是楼子营镇，平均值均为0.55克/千克；最低是刘家塔镇，平均值为0.36克/千克。

（2）不同母质：冲积淤积物平均值最高，为1.18克/千克；其次是洪积物，平均值为0.92克/千克；最低是红土母质，平均值为0.36克/千克。

（3）不同土壤类型：潮土最高，平均值为0.74克/千克；最低是栗褐土，平均值为0.43克/千克。

（三）有效磷

河曲县有效磷含量变化范围为3～60毫克/千克，平均值为9.547毫克/千克，属五级水平。见表3-23。

（1）不同行政区域：文笔镇平均值最高，为20.78毫克/千克；其次是楼子营镇，平均值为12.37毫克/千克；最低是社梁乡，平均值为5.41毫克/千克。

（2）不同母质：最高是冲积物母质，平均值为33.76毫克/千克；其次是冲积淤积母质，平均值为30.80毫克/千克；最低是砂岩类残积物，平均值为4.0毫克/千克。

（3）不同土壤类型：潮土平均值最高，为23.03毫克/千克；最低是栗褐土，平均值为8.96毫克/千克。

（四）速效钾

河曲县土壤速效钾含量变化范围为 35～351 毫克/千克，平均值为 97.77 毫克/千克，属五级水平。见表 3-23。

（1）不同行政区域：巡镇镇最高，平均值为 122.45 毫克/千克；其次是文笔镇，平均值为 113.83 毫克/千克；最低是刘家塔镇，平均值为 82.95 毫克/千克。

（2）不同母质：最高是冲积淤积母质，平均值为 164 毫克/千克；其次是洪积物，平均值为 161.73 毫克/千克；最低是红土母质，平均值为 79 毫克/千克。

（3）不同土壤类型：潮土最高，平均值为 125.38 毫克/千克；最低是栗褐土，平均值为 96.57 毫克/千克。

（五）缓效钾

河曲县土壤缓效钾变化范围 164～1 221 毫克/千克，平均值为 694.235 毫克/千克，属三级水平。见表 3　23。

（1）不同行政区域：赵家沟乡平均值最高，为 792.56 毫克/千克；其次是巡镇镇，平均值为 741.08 毫克/千克；文笔镇最低，平均值为 646.96 毫克/千克。

（2）不同母质：红土母质最高，平均值为 759.05 毫克/千克；其次是离石黄土，平均值为 734.94 毫克/千克；黄土母质最低，平均值为 675.33 毫克/千克。

（3）不同土壤类型：潮土最高，平均值为 703.14 毫克/千克；栗褐土最低，平均值为 693.87 毫克/千克。

表 3-23　河曲县大田土壤大量元素分类统计结果

类别		有机质（克/千克）		全氮（克/千克）		有效磷（毫克/千克）		速效钾（毫克/千克）		缓效钾（毫克/千克）	
		平均值	区域值	平均值	区域值	平均值	区域值	平均值	区域值	平均值	区域值
行政区域	单寨乡	8.04	3.8～10.6	0.46	0.32～0.94	10.25	0.8～17	95.05	50～130	668.91	540～910
	旧县乡	8.56	3.8～12.5	0.47	0.27～0.57	11.19	0.8～16	104.73	56.2～145	664.44	550～940
	刘家塔镇	6.76	3.8～19.2	0.36	0.19～0.82	5.60	1.7～14	82.95	64～142	688.58	580～800
	楼子营镇	10.47	2.3～25.5	0.55	0.13～1.7	12.37	3.8～27	111.20	65～190	656.23	490～840
	鹿固乡	8.78	4.4～18.5	0.48	0.19～0.82	10.95	1.7～13.5	100.16	45～157	669.93	605～880
	前川乡	8.38	4.4～17	0.46	0.27～0.62	10.32	0.8～11	92.35	57.5～125	667.82	590～900
	沙坪乡	6.39	4.4～15.5	0.40	0.3～0.5	7.42	0.8～9.2	91.82	51.3～152	687.58	570～840
	沙泉乡	7.59	1.3～22.7	0.39	0.21～0.65	8.32	0.8～22.5	99.19	52.5～175	736.50	560～970
	社梁乡	6.00	1.1～7.7	0.37	0.24～0.5	5.41	0.5～32.3	86.25	30～175	760.98	67～945
	土沟乡	6.66	5～9.7	0.44	0.32～0.6	7.84	0.8～16.5	89.12	51.3～120	659.48	520～840
	文笔镇	12.76	5.9～19.7	0.57	0.24～0.98	20.87	4.9～32.1	113.83	70～190	646.96	440～840
	巡镇镇	9.58	3.8～20.7	0.50	0.19～1.3	12.25	2.3～27.7	122.45	77.5～210	741.08	530～940
	赵家沟乡	8.81	4.4～11.3	0.42	0.3～0.65	6.88	0.8～11.5	103.26	56.2～135	792.56	645～980

（续）

类别		有机质（克/千克）		全氮（克/千克）		有效磷（毫克/千克）		速效钾（毫克/千克）		缓效钾（毫克/千克）	
		平均值	区域值	平均值	区域值	平均值	区域值	平均值	区域值	平均值	区域值
土壤类型	粗骨土	6.53	1.1～22.7	0.41	0.19～0.94	4.06	0.5～32.3	83.29	30～209	722.89	67～980
	风沙土	7.12	1.1～25.5	0.42	0.13～1.7	5.19	0.5～32.3	90.54	30～210	708.27	67～950
	红黏土	7.91	3.8～20.7	0.46	0.19～1.3	5.59	0.8～27.7	97.92	45～210	732.96	520～940
	黄绵土	7.06	1.1～25.5	0.42	0.13～1.7	5.00	0.5～32.3	89.80	30～210	719.76	67～980
	石质土	6.97	1.1～22.7	0.42	0.13～1.3	4.88	0.5～32.3	89.39	30～210	715.53	67～970
	潮土	14.75	2.3～20.7	0.74	0.13～1.3	23.03	0.8～31.8	125.38	50～210	703.14	490～940
	栗褐土	7.81	1.1～25.5	0.43	0.13～1.7	8.96	0.5～32.3	96.57	30～210	693.87	67～980
土壤母质	冲积物	17.18	1.1～25.5	0.72	0.13～1.7	33.76	0.5～32.3	125.24	30～210	709.85	67～980
	冲积淤积	17.35	1.1～22.7	1.18	0.13～1.3	30.80	0.5～32.3	164.00	30～210	703.24	67～970
	冲积淤积物	14.62	1.1～22.7	0.72	0.13～1.3	22.66	0.5～32.3	130.84	30～210	708.93	67～950
	红土母质	5.14	2.3～20.7	0.36	0.13～1.3	8.41	0.8～30.9	79.00	50～210	759.05	520～340
	洪积物	15.65	1.1～25.5	0.92	0.13～1.7	17.54	0.5～32.3	161.73	30～210	698.96	67～980
	黄土	10.04	1.1～25.5	0.62	0.13～1.7	8.98	0.5～32.3	120.62	30～210	733.58	67～980
	黄土母质	8.23	1.1～25.5	0.44	0.13～1.7	10.35	0.5～32.3	97.92	30～210	675.33	67～950
	黄土质	7.90	1.1～22.5	0.58	0.13～1.7	9.58	0.5～32.3	95.64	30～210	734.94	67～950
	黄土状母质	6.44	1.1～22	0.38	0.14～1.3	6.04	0.5～32.3	87.14	30～210	719.57	67～950
	砂岩类残积物	7.10	1.1～25.5	0.52	0.13～1.7	4.00	0.5～32.3	150.00	30～210	681.50	67～980

二、分级论述

（一）有机质

Ⅰ级　有机质含量为25.0克/千克以上，面积为53.50亩，占总耕地面积的0.01%。主要分布于文笔镇南元村，种植玉米、蔬菜等作物。

Ⅱ级　有机质含量为20.01～25.0克/千克，面积为598.10亩，占总耕地面积的0.10%。主要分布在文笔镇及楼子营镇的部分种菜区域，种植玉米、瓜菜等作物。

Ⅲ级　有机质含量为15.01～20.0克/千克，面积为15 944.83亩，占总耕地面积的2.55%。主要分布于文笔镇、巡镇镇二级阶地及楼子营镇沿河村庄，种植玉米、瓜菜、红枣、果树等作物。

Ⅳ级　有机质含量为10.01～15.0克/千克，面积为39 293.84亩，占总耕地面积的6.28%。主要分布于在文笔镇、楼子营镇、巡镇镇沿河一级、二级阶地，主要作物有玉米、瓜菜、花生和果树等作物。

Ⅴ级　有机质含量为5.01～10.1克/千克，面积为541 929.97亩，占总耕地面积的

86.66%。分布在全县各乡（镇）的丘陵山区，主要作物有玉米、马铃薯、黍谷、小杂粮、油料和果树等。

Ⅵ级　有机质含量为小于 5.00 克/千克，面积为 27 509.76 亩，占总耕地面积的 4.40%。分布在全县各乡（镇）的丘陵山区和高山区，主要作物有马铃薯、黍谷、小杂粮、油料和果树等。

（二）全氮

Ⅰ级　全氮量大于 1.50 克/千克，面积为 83.67 亩，占总耕地面积的 0.01%。

Ⅱ级　全氮含量为 1.201～1.50 克/千克，面积为 732.17 亩，占总耕地面积的 0.12%。主要分布于文笔镇、楼子营镇的沿河一级、二级阶地，主要作物有玉米、瓜菜、果树等。

Ⅲ级　全氮含量为 1.001～1.20 克/千克，面积为 924.41 亩，占总耕地面积的 0.15%。主要分布在沿黄河一级、二级阶地部分区域，主要作物有玉米、瓜菜、花生、果树等。

Ⅳ级　全氮含量为 0.751～1.000 克/千克，面积为 15 718.49 亩，占总耕地面积的 2.51%。主要分布于黄河二级阶地部分区域，主要作物有花生、玉米、瓜菜等。

Ⅴ级　全氮含量为 0.501～0.75 克/千克，面积为 83 312.91 亩，占总耕地面积的 13.32%。分布在丘陵区高水平梯田、沟坝地，作物有玉米、马铃薯、小杂粮等。

Ⅵ级　全氮含量小于 0.5 克/千克，面积为 524 558.36 亩，占总耕地面积的 83.89%。全县各乡（镇）均有分布，主要作物有玉米、马铃薯、糜谷、杂豆、油料等。

（三）有效磷

Ⅰ级　有效磷含量大于 25.00 毫克/千克，面积为 6 387.45 亩，占总耕地面积的 1.02%。主要分布于文笔镇、楼子营镇、巡镇镇等沿河瓜菜种植地带，主要作物有花生、玉米、瓜菜等。

Ⅱ级　有效磷含量在 20.1～25.00 毫克/千克，面积为 7 904.06 亩，占总耕地面积的 1.26%。主要分布在文笔镇、楼子营镇的二级阶地，作物有花生、玉米、果树、瓜菜等。

Ⅲ级　有效磷含量在 15.1～20.1 毫克/千克，面积为 17 508.52 亩，占总耕地面积的 2.80%。主要分布在文笔镇、楼子营镇及巡镇镇的大部分地带，主要作物有花生、玉米、瓜菜等。

Ⅳ级　有效磷含量在 10.1～15.0 毫克/千克。面积为 38 618.72 亩，占总耕地面积的 6.18%。主要分布在沿河三镇平川地带，作物有瓜菜、花生、玉米等。

Ⅴ级　有效磷含量在 5.1～10.0 毫克/千克。面积为 145 655.79 亩，占总耕地面积的 23.29%。主要分布在半山丘陵区和高山区的梁峁、水平梯田上及沿河二级阶地大部分地带，主要作物为玉米、红枣、瓜菜、杂粮。

Ⅵ级　有效磷含量小于 5.0 毫克/千克，面积为 409 255.46 亩，占总耕地面积的 65.45%。全县主要分布于丘陵山区、高山地区大部地带，作物有玉米、马铃薯、小杂粮。

（四）速效钾

Ⅰ级　全县无分布。

Ⅱ级　速效钾含量在 201～250 毫克/千克，面积为 1 340.51 亩，占总耕地面积的 0.21%。主要分布在文笔镇大部分地带，作物有玉米、瓜菜等。

Ⅲ级　速效钾含量在 151～200 毫克/千克，面积为 18 588.94 亩，占总耕地面积的

2.97%。主要分布在沿河三镇的大部分地带，作物有花生、玉米、蔬菜、果树。

Ⅳ级　速效钾含量在101～150毫克/千克，面积为116 946.57亩，占总耕地面积的18.70%。主要分布在楼子营镇、文笔镇和丘陵区沟坝地带，作物有玉米、马铃薯、瓜菜、果树等。

Ⅴ级　速效钾含量在51～100毫克/千克，面积为487 674.08亩，占总耕地面积的77.99%。全县大部分大田均有分布，作物有马铃薯、小杂粮、糜谷和胡麻等。

Ⅵ级　速效钾含量小于50毫克/千克，面积为779.90亩，占总耕地面积的0.12%。零星分布在社梁乡部分村庄，作物以油料为主。

（五）缓效钾

Ⅰ级　全县无分布。

Ⅱ级　缓效钾含量在901～1 200毫克/千克，面积为2 321.49亩，占总耕地面积的0.37%。分布在赵家沟乡部分村庄，作物有马铃薯、玉米、小杂粮、油料等。

Ⅲ级　缓效钾含量在601～900毫克/千克，面积为608 103.51亩，占总耕地面积的97.25%。分布在各个乡（镇），作物有马铃薯、玉米、糜谷、小杂粮、海红等。

Ⅳ级　缓效钾含量在351～600毫克/千克，面积为13 033.87亩，占总耕地面积的2.08%。主要作物有糜黍、马铃薯。

Ⅴ级　缓效钾含量为151～350毫克/千克，面积为1 113.91亩，占总耕地面积的0.18%。

Ⅵ级　缓效钾含量小于等于150毫克/千克，面积为757.23亩，占总耕地面积的0.12%。

河曲县耕地土壤大量元素分级面积见表3-24。

表3-24　河曲县耕地土壤大量元素分级面积

类别	Ⅰ		Ⅱ		Ⅲ		Ⅳ		Ⅴ		Ⅵ	
	百分比（%）	面积（亩）	百分比（%）	面积（亩）	百分比（%）	面积（亩）	百分比（%）	面积（亩）	百分比（%）	面积（亩）	百分比（%）	面积（亩）
有机质（克/千克）	0.01	53.50	0.10	598.10	2.55	15 944.83	6.28	39 293.84	86.66	541 929.97	4.40	27 509.76
全氮（克/千克）	0.01	83.67	0.12	732.17	0.15	924.41	2.51	15 718.49	13.32	83 312.91	83.89	524 558.36
有效磷（毫克/千克）	1.02	6 387.45	1.26	7 904.06	2.80	17 508.52	6.18	38 618.72	23.29	145 655.79	65.45	409 255.46
速效钾（毫克/千克）	0	0	0.21	1 340.51	2.97	18 588.94	18.70	116 946.57	77.99	487 674.08	0.12	779.90
缓效钾（毫克/千克）	0	0	0.37	2321.49	97.25	608 103.51	2.08	13 033.87	0.18	1 113.91	0.12	757.23

第三节　中量元素

中量元素背景值的表达方式用各统计单元养分汇总结果的算术平均值和标准差来表

示。用符号 S 表示，表示单位：毫克/千克。

由于有效硫目前全国范围内仅有酸性土壤临界值，而河曲县土壤属石灰性土壤，没有临界值标准。因而只能根据养分含量的具体情况进行级别划分，划分为 6 个级别，见表3－22。

一、含量与分布

有效硫

河曲县土壤有效硫变化范围为 0.8～176 毫克/千克，平均值为 22.611 毫克/千克，属五级水平。见表 3－25。

（1）不同行政区域：文笔镇最高，平均值为 42.34 毫克/千克；其次是楼子营镇，平均值为 42.34 毫克/千克；最低是社梁乡，平均值为 15.09 毫克/千克。

（2）不同母质：冲积物最高，平均值为 87.33 毫克/千克；其次是洪积物，平均值为 75.61 毫克/千克；最低为砂岩类残积物母质，平均值均为 9.10 毫克/千克。

（3）不同土壤类型：潮土最高，平均值为 52.31 毫克/千克；最低是栗褐土，平均值为 21.95 毫克/千克。

表 3－25 河曲县耕地土壤中量元素硫分类统计结果

类别		有效硫（毫克/千克）	
		平均值	区域值
行政区域	单寨乡	22.13	9.6～27
	旧县乡	26.26	10～30.5
	刘家塔镇	35.34	17～63
	楼子营镇	42.34	23～67
	鹿固乡	25.57	14.5～63
	前川乡	22.96	9.6～29
	沙坪乡	16.67	10～46
	沙泉乡	16.48	11.5～31.5
	社梁乡	15.09	1.8～55
	土沟乡	17.04	12.5～49
	文笔镇	42.36	18～66
	巡镇镇	38.97	14.2～69
	赵家沟乡	16.64	13～25
土壤类型	粗骨土	18.55	13～25
	风沙土	27.16	11～53
	红黏土	24.37	14.2～63
	黄绵土	24.38	3～67
	石质土	25.35	11.2～68
	潮土	52.31	29～68.5
	栗褐土	21.95	1.8～69

（续）

类别		有效硫（毫克/千克）	
		平均值	区域值
土壤母质	冲积物	87.33	19.8～97
	冲积淤积	24.37	11.2～68
	冲积淤积物	39.88	10～67
	红土母质	9.37	7.5～18.5
	洪积物	75.61	11.8～76
	黄土	16.86	5.6～68.5
	黄土母质	23.55	12.5～69
	黄土质	19.32	12.2～67
	黄土状母质	20.06	16.5～44
	砂岩类残积物	9.10	7.4～23

二、分级论述

有效硫

Ⅰ级　有效硫含量大于200.0毫克/千克，全县无分布。

Ⅱ级　有效硫含量100.1～200.0毫克/千克，全县无分布。

Ⅲ级　有效硫含量为50.1～100毫克/千克，全县面积为44 043.63亩，占总耕地面积的7.04%。分布在沿川三镇水地地带。作物为花生、玉米、瓜菜等。

Ⅳ级　有效硫含量在25.1～50毫克/千克，全县面积为164 605.17亩，占总耕地面积的26.32%。

Ⅴ级　有效硫含量12.1～25.0毫克/千克，全县面积为393 382.47亩，占总耕地面积的62.91%。分布在全县各个乡（镇）。作物为玉米、蔬菜、花生、糜谷、马铃薯。

Ⅵ级　有效硫含量小于等于12.0毫克/千克，全县面积为23 298.74亩，占总耕地面积的3.73%。

河曲县耕地土壤中量元素有效硫分级面积见表3-36。

表3-26　河曲县耕地土壤中量元素有效硫分级面积

类别	Ⅰ		Ⅱ		Ⅲ		Ⅳ		Ⅴ		Ⅵ	
	百分比（%）	面积（亩）	百分比（%）	面积（亩）	百分比（%）	面积（亩）	百分比（%）	面积（亩）	百分比（%）	面积（亩）	百分比（%）	面积（亩）
有机硫	0	0	0	0	7.04	44 043.63	26.32	164 605.17	62.91	393 382.47	3.73	23 298.74

第四节　微量元素

土壤微量元素背景值的表达方式以各统计单元养分汇总结果的算术平均值和标准差来表示，分别以单体 Cu、Zn、Mn、Fe、B、Mo 表示。表示单位为毫克/千克。

土壤微量元素参照全省第二次土壤普查的标准，结合河曲县土壤养分含量状况重新进行划分，划分为 6 个级别，见表 3－22。

一、含量与分布

（一）有效铜

河曲县土壤有效铜含量变化范围为 0.02～4.63 毫克/千克，平均值为 0.837 毫克/千克，属四级水平（表 3－27）。

（1）不同行政区域：巡镇镇平均值最高，为 1.48 毫克/千克；其次是刘家塔镇，平均值为 1.36 毫克/千克；土沟乡最低，平均值为 0.51 毫克/千克。

（2）不同母质：洪积物母质最高，平均值为 1.89 毫克/千克；其次是冲积物，平均值为 1.53 毫克/千克；最低是红土母质，平均值为 0.43 毫克/千克。

（3）不同土壤类型：潮土最高，平均值为 1.45 毫克/千克；最低是栗褐土，平均值为 0.81 毫克/千克。

（二）有效锌

河曲县土壤有效锌含量变化范围为 0.01～3.03 毫克/千克，平均值为 0.544 毫克/千克，属四级水平。见表 3－27。

（1）不同行政区域：文笔镇平均值最高，为 1.02 毫克/千克；其次是楼子营镇，平均值为 0.79 毫克/千克；最低是赵家沟乡，平均值为 10.28 毫克/千克。

（2）不同母质：洪积物平均值最高，为 1.41 毫克/千克；其次是冲积物，平均值为 1.24 毫克/千克；最低是黄土状母质，平均值为 0.38 毫克/千克。

（3）不同土壤类型：潮土最高，平均值为 1.15 毫克/千克；最低是栗褐土，平均值为 0.52 毫克/千克。

（三）有效锰

河曲县土壤有效锰含量变化范围为 0.1～38.4 毫克/千克，平均值为 5.50 毫克/千克，属四级水平。见表 3－27。

（1）不同行政区域：刘家塔平均值最高，为 13.6 毫克/千克；其次是楼子营镇，平均值为 8.58 毫克/千克；最低是旧县乡，平均值为 3.17 毫克/千克。

（2）不同母质，黄土最高，平均值为 8.15 毫克/千克；其次是黄土状母质，平均值为 7.90 毫克/千克；最低是冲积物，平均值为 2.47 毫克/千克。

（3）不同土壤类型：栗褐土最高，平均值为 5.55 毫克/千克；最低是潮土，平均值为 3.52 毫克/千克。

表 3-27　河曲县耕地土壤微量元素分类统计结果

单位毫克/千克

类别		有效铁		有效铜		有效锌		有效硼		有效钼		有效锰	
		平均值	区域值	平均值	区域值	平均值	区域值	平均值	区域值	平均值	区域值	平均值	区域值
行政区域	单寨乡	5.36	3.0～7.09	0.68	0.35～0.9	0.56	0.1～1.15	0.35	0.12～0.78	0.05	0.045～0.175	3.95	2～6.7
	旧县乡	5.92	0.6～8.35	0.83	0.1～1.0	0.62	0.12～1.2	0.40	0.09～0.58	0.06	0.04～0.19	3.17	2～7.8
	刘家塔镇	5.98	4.1～10.5	1.36	0.65～3.0	0.47	0.15～1.2	0.29	0.13～0.44	0.07	0.07～0.112	13.60	6.7～27
	楼子营镇	6.06	4.5～12	1.01	0.77～2.7	0.79	0.37～2.5	0.44	0.09～1.25	0.07	0.077～0.087	8.58	1.1～14.5
	鹿固乡	5.94	2.1～11	0.86	0.5～2.25	0.68	0.4～1.35	0.37	0.1～0.63	0.06	0.055～0.095	3.27	2.0～11.5
	前川乡	5.99	2.2～7.0	0.78	0.3～1.15	0.58	0.1～1.5	0.35	0.06～1.57	0.06	0.035～0.125	3.86	1.1～12.5
	沙坪乡	3.50	0.56～8.2	0.62	0.4～1.22	0.38	0.12.～0.8	0.34	0.1～0.58	0.07	0.04～0.12	5.00	2.6～8.4
	沙泉乡	4.10	1.6～6.6	0.55	0.22～1.15	0.49	0.12～0.97	0.28	0.06～0.44	0.08	0.04～0.2	4.00	1.1～7.5
	社梁乡	4.08	1.7～24.7	0.57	0.3～2.9	0.38	0.12～4.0	0.28	0.04～0.61	0.07	0.045～0.255	5.72	2～32.3
	土沟乡	4.14	2.4～5.9	0.51	0.3～0.72	0.46	0.15～1.02	0.36	0.15～0.8	0.06	0.04～0.085	4.13	2～6.7
	文笔镇	7.57	5.3～13.5	1.19	0.92～1.85	1.02	0.47～1.75	0.49	0.1～1.05	0.08	0.07～0.085	3.44	1.1～6.7
	巡镇镇	9.46	2.5～18.5	1.48	0.72～2.9	0.70	0.25～2.3	0.33	0.09～0.95	0.08	0.065～0.095	3.25	0.7～12.5
	赵家沟乡	4.03	2.6～5.4	0.61	0.4～1.15	0.28	0.05～0.57	0.39	0.13～0.63	0.05	0.035～0.087	4.40	2.3～5.0
土壤类型	粗骨土	4.14	—	0.60	—	0.38	—	0.36	—	0.06	—	3.32	—
	风沙土	5.28	—	0.91	—	0.54	—	0.28	—	0.08	—	6.32	—
	红黏土	6.78	—	1.19	—	0.60	—	0.25	—	0.07	—	5.83	—
	黄绵土	5.01	—	0.86	—	0.50	—	0.28	—	0.07	—	5.84	—
	石质土	6.47	—	1.12	—	0.54	—	0.29	—	0.08	—	3.55	—
	潮土	10.12	6.4～15	1.45	0.95～2.65	1.15	0.52～1.7	0.50	0.23～1.05	—	0.07～0.077	3.52	1.1～4.5
	栗褐土	5.22	0.6～24.7	0.81	0.27～3.0	0.52	0.08～4.0	0.34	0.06～1.52	0.06	0.035～0.225	5.55	0.7～32.3

（续）

类别		有效铁		有效铜		有效锌		有效硼		有效钼		有效锰	
		平均值	区域值	平均值	区域值	平均值	区域值	平均值	区域值	平均值	区域值	平均值	区域值
土壤母质	冲积物	12.23	0.56～12.0	1.53	0.22～2.82	1.24	0.05～2.4	0.93	0.06～1.57	—	0.035～1.16	2.47	0.7～25.5
	冲积淤积	—	0.8～18.5	—	0.4～2.6	—	0.17～2.3	—	0.12～0.87	—	0.05～0.19	—	1.1～8.55
	冲积淤积物	9.97	1.16～14.0	1.42	0.4～2.9	1.12	0.2～1.15	0.49	0.12～0.5	—	0.045～0.13	4.80	1.1～19.5
	红土母质	2.35	7.5～13.5	0.43	1.15～2.55	—	0.8～1.4	0.17	0.38～1.05	—	0.07～0.077	—	1.1～2.9
	洪积物	12.53	0.6～24.7	1.89	0.27～3.0	1.41	0.08～4.0	0.57	0.06～1.52	—	0.035～0.255	5.97	0.7～32.3
	黄土	5.14	2.6～23	0.72	0.32～2.82	0.49	0.08～2.9	0.46	0.09～1.22	—	0.035～0.225	8.15	1.1～30
	黄土母质	5.78	3～18.5	0.84	0.45～2.9	0.58	0.32～2.5	0.34	0.16～1.25	0.06	0.06～1.11	4.01	1.1～20.5
	黄土质	4.20	1.6～16.6	0.63	0.3～2.85	0.55	0.15～2.5	0.46	0.12～0.84	—	0.045～0.135	5.54	0.8～19
	黄土状母质	4.56	2.3～9.0	0.85	0.27～1.45	0.38	0.3～0.67	0.28	0.15～0.40	0.07	0.075～0.095	7.90	1.4～4.4

（四）有效铁

河曲县土壤有效铁含量变化范围为0.3～29.9毫克/千克，平均值为5.39毫克/千克，属四级水平。见表3-27。

（1）不同行政区域：巡镇镇平均值最高，为9.46毫克/千克；其次是文笔镇，平均值为7.57毫克/千克；最低是赵家沟乡，平均值为4.03毫克/千克。

（2）不同母质：洪积物最高，平均值为5.77毫克/千克；其次是冲积物，平均值为12.23毫克/千克；最低是红土母质，平均值为2.35毫克/千克。

（3）不同土壤类型：潮土最高，平均值为10.12毫克/千克，栗褐土最低；平均值为5.22毫克/千克。

（五）有效硼

河曲县土壤有效硼含量变化范围为0.01～3.8毫克/千克，平均值为0.35毫克/千克，属五级水平。见表3-27。

（1）不同行政区域：文笔镇平均值最高，为0.49毫克/千克；其次是楼子营镇，平均值为0.44毫克/千克；最低是沙泉乡、社梁乡，平均值为0.28毫克/千克。

（2）不同母质：冲积物最高，平均值为0.93毫克/千克；其次是洪积物，平均值为0.57毫克/千克；最低是红土母质，平均值为0.17毫克/千克。

（3）不同土壤类型：潮土最高，平均值为0.5毫克/千克，最低是栗褐土；平均值为0.34毫克/千克。

（六）有效钼

河曲县土壤有效钼含量变化范围为0.03～0.32毫克/千克，平均值为0.064毫克/千克，属六级水平。见表3-27。

（1）不同行政区域：巡镇镇、文笔镇、沙泉乡平均值最高，为0.08毫克/千克；其次是刘家塔镇、楼子营镇、沙坪乡、土沟乡，平均值为0.07毫克/千克；赵家沟乡最低，平均值为0.05毫克/千克。

（2）不同母质：黄土状母质平均值最高，为0.07毫克/千克；最低是黄土母质，平均值为0.06毫克/千克。

（3）不同土壤类型：栗褐土最高，平均值为0.07毫克/千克；潮土平均值最低，为0.06毫克/千克。

二、分级论述

（一）有效铜

Ⅰ级　有效铜含量大于2.00毫克/千克，面积为20 146.83亩，占全县耕地总面积的3.22%。分布在全县各乡（镇），主要作物为小麦、玉米等。

Ⅱ级　有效铜含量在1.51～2.00毫克/千克，面积为59 930.50亩，占全县耕地总面积的9.58%。分布在全县各乡（镇），作物有马铃薯、玉米、蔬菜、小杂粮、果树等。

Ⅲ级　有效铜含量在1.01～1.51毫克/千克，面积为86 276.27亩，占全县耕地总面积的13.80%。分布在全县各乡（镇），作物有马铃薯、玉米、蔬菜、小杂粮、果树等。

Ⅳ级 有效铜含量0.51～1.00毫克/千克，面积为387 858.10亩，占全县耕地总面积的62.02%。全县各乡（镇）均有分布，主要作物有玉米、马铃薯、小杂粮等。

Ⅴ级 有效铜含量在0.21～0.5毫克/千克，面积为71 118.30亩，占全县耕地总面积的11.37%。分布在全县各乡（镇），作物有马铃薯、玉米、蔬菜、小杂粮、果树等。

Ⅵ级 本县无分布。

（二）有效锰

Ⅰ级 有效锰含量大于30毫克/千克，面积为992.21亩，占全县耕地总面积的0.16%。作物有马铃薯、玉米、小杂粮、果树等。

Ⅱ级 有效锰含量在20.01～30毫克/千克，面积为5 553.45亩，占全县耕地总面积的0.89%。作物有马铃薯、小杂粮、果树等。

Ⅲ级 有效锰含量在15.01～20毫克/千克，面积为34 840.20亩，占全县耕地总面积的5.57%。作物有花生、玉米、小杂粮等。

Ⅳ级 有效锰含量在5.01～15.00毫克/千克，面积为159 295.61亩，占总耕地面积的25.47%。广泛分布于全县各乡（镇），作物为杂粮、玉米、蔬菜和果树。

Ⅴ级 有效锰含量在1.01～5.00毫克/千克，面积为424 348.35亩，占总耕地面积的67.86%。全县各乡（镇）均有分布，作物为杂粮、玉米、糜谷、油料等。

Ⅵ级 有效锰含量小于1.00毫克/千克，面积为300.18亩，占全县耕地总面积的0.05%。

（三）有效锌

Ⅰ级 有效锌含量大于3.00毫克/千克，面积为1 238.91亩，占总耕地面积的0.20%。零星分布，作物有玉米、瓜菜。

Ⅱ级 有效锌含量在1.51～3.00毫克/千克，面积为4 899.68亩，占总耕面积的0.78%。主要分布在文笔镇一带，作物有瓜菜、玉米等。

Ⅲ级 有效锌含量在1.01～1.50毫克/千克，面积为25 993.39亩，占总耕地面积的4.16%。主要分布在文笔镇、巡镇镇大部分地带，大田作物有花生、玉米。

Ⅳ级 有效锌含量在0.51～1.00毫克/千克，面积为262 829.90亩，占总面积面积的42.03%。广泛分布在半山区乡（镇）地带，作物有马铃薯、玉米、杂粮、果树。

Ⅴ级 有效锌含量在0.31～0.50毫克/千克，面积为237 297.56亩，占总耕地面积的37.95%。作物有玉米、花生、瓜菜、糜黍。

Ⅵ级 有效锌含量小于等于0.30毫克/千克，面积为93 070.57亩，占总耕地面积14.88%。

（四）有效铁

Ⅰ级 有效铁含量大于20.00毫克/千克，面积为1 808.51亩，占全县耕地总面积的0.29%。作物有玉米、果树等。

Ⅱ级 有效铁含量在15.01～20.00毫克/千克，面积为2 619.40亩，占全县耕地总面积的0.42%。作物有玉米、蔬菜、小杂粮、果树等。

Ⅲ级 有效铁含量在10.01～15.00毫克/千克，面积为39 527.07亩，占全县总耕地面积的6.32%。零星分布，作物为马铃薯、玉米。

Ⅳ级　有效铁含量在5.01～10.00毫克/千克，面积为199 590.56亩，占全县总耕地面积的31.92%。主要分布在半山丘陵的乡（镇），作物为马铃薯、玉米、糜谷。

Ⅴ级　有效铁含量在2.51～5.00毫克/千克，面积为325 686.25亩，占耕地总面积的52.08%。广泛分布在全县各乡（镇），作物有马铃薯、玉米、蔬菜、果树、油料。

Ⅵ级　有效铁含量小于等于2.50毫克/千克，面积为56 098.22亩，占总耕地面积的8.97%。零星分布于赵家沟、沙泉乡一带。

（五）有效硼

Ⅰ级　有效硼含量大于2.00毫克/千克，全县无分布。

Ⅱ级　有效硼含量在1.51～2.00毫克/千克，面积为78.68亩，占全县总耕地面积的0.01%。

Ⅲ级　有效硼含量在1.01～1.50毫克/千克，面积为572.94亩，占全县总耕地面积的0.09%。零星分布，作物为马铃薯、玉米。

Ⅳ级　有效硼含量在0.51～1.00毫克/千克，面积为21 678.66亩，占全县总耕地面积的3.47%。主要分布在文笔镇，作物有玉米、蔬菜、果树。

Ⅴ级　有效硼含量在0.21～0.50毫克/千克，面积为506 364.07亩，占全县总耕地面积的80.98%。全县均有分布，作物有花生、玉米、瓜菜、马铃薯、杂粮、油料。

Ⅵ级　有效硼含量小于等于0.20毫克/千克，面积为96 635.66亩，占全县耕地总面积的15.45%。主要分布于鹿固、前川等乡，作物有糜谷、马铃薯等。

（六）有效钼

Ⅰ级　有效钼含量大于0.3毫克/千克，全县无分布。

Ⅱ级　有效钼含量在0.26～0.30毫克/千克，面积为36.41亩，占总耕地面积的0.01%。

Ⅲ级　有效钼含量在0.21～0.25毫克/千克，面积为1 355.76亩，占总耕地面积的0.22%。零星分布，作物有花生、玉米、果树。

Ⅳ级　有效钼含量在0.16～0.20毫克/千克，面积为4 495.63亩，占总耕地面积的0.72%。零星分布，作物为玉米、蔬菜、果树。

Ⅴ级　有效钼含量在0.11～0.15毫克/千克，面积为21 396.66亩，占总耕地面积的3.42%。分布在沿河三镇，大田作物有花生、玉米、果树。

Ⅵ级　有效钼含量小于等于0.10毫克/千克，面积为598 045.55亩，占总耕地面积95.64%。全县均分布，作物有马铃薯、玉米、杂粮、瓜菜、果树等。

微量元素土壤分级面积见表3-28。

表3-28　河曲县耕地土壤微量元素分级面积

类别		Ⅰ		Ⅱ		Ⅲ		Ⅳ		Ⅴ		Ⅵ	
		百分比（%）	面积（亩）	百分比（%）	面积（亩）	百分比（%）	面积（亩）	百分比（%）	面积（亩）	百分比（%）	面积（亩）	百分比（%）	面积（亩）
耕地土壤	有效铁	0.29	1 808.51	0.42	2 619.40	6.32	39 527.07	31.92	199 590.56	52.08	325 686.25	8.97	56 098.22
	有效铜	3.22	20 146.83	9.58	59 930.50	13.80	86276.27	62.02	387 858.10	11.37	71 118.30		

（续）

类别		Ⅰ		Ⅱ		Ⅲ		Ⅳ		Ⅴ		Ⅵ	
		百分比（%）	面积（亩）	百分比（%）	面积（亩）	百分比（%）	面积（亩）	百分比（%）	面积（亩）	百分比（%）	面积（亩）	百分比（%）	面积（亩）
耕地土壤	有效锌	0.20	1 238.91	0.78	4 899.68	4.16	25 993.39	42.03	262 829.90	37.95	237 297.56	14.88	93 070.57
	有效硼	0	0	0.01	78.68	0.09	572.94	3.47	21 678.66	80.98	506 364.07	15.45	96 635.66
	有效钼	0	0	0.01	36.41	0.22	1 355.76	0.72	4 495.63	3.42	21 396.66	95.64	598 045.55
	有效锰	0.16	992.21	0.89	5 553.45	5.57	34 840.20	25.47	159 295.61	67.86	424 348.35	0.05	300.18

第五节　其他理化性状

一、土壤 pH

河曲县耕地土壤 pH 变化范围为 7.9～9.2，平均值为 8.166。见表 3－29。

（1）不同行政区域：赵家沟乡 pH 平均值最高，为 8.64；其次是沙泉乡，pH 平均值为 8.31；最低是文笔镇，pH 平均值为 7.88。

（2）不同母质：砂岩类残积物最高，pH 平均值为 8.60；其次是红土母质，pH 平均值为 8.37；最低是冲积物，pH 平均值为 7.78。

（3）不同土壤类型：栗褐土最高，pH 平均值为 8.18；最低是潮土，pH 平均值为 7.91。

表 3－29　河曲县耕地 pH 平均值分类统计结果

类　别		pH
行政区域	单寨乡	8.16
	旧县乡	8.08
	刘家塔镇	8.17
	楼子营镇	8.07
	鹿固乡	8.05
	前川乡	8.09
	沙坪乡	8.23
	沙泉乡	8.31
	社梁乡	8.28
	土沟乡	8.16
	文笔镇	7.88
	巡镇镇	8.25
	赵家沟乡	8.34

（续）

类别	pH	
土壤类型	潮土	7.91
	栗褐土	8.18
土壤母质	冲积物	7.78
	冲积淤积	8.30
	冲积淤积物	7.99
	红土母质	8.37
	洪积物	8.17
	黄土	8.20
	黄土母质	8.14
	黄土质	8.15
	黄土状母质	8.25
	砂岩类残积物	8.60

二、土壤容重

河曲县耕地土壤容重变化范围为1.1～1.3克/立方厘米，为1984年测定值，本次未测定。

三、耕层质地

土壤质地是土壤的重要物理性质之一，不同的质地对土壤肥力高低、耕性好坏、生产性能的优劣具有很大影响。

土壤质地亦称土壤机械组成，指不同粒径在土壤中占有的比例组合。根据卡庆斯基质地分类，粒径大于0.01毫米的为物理性沙粒，小于0.01毫米的为物理性黏粒。根据其沙黏含量及其比例，主要可分为沙土、沙壤、轻壤、中壤、重壤、黏土6级。

河曲县耕层土壤质地90%以上为轻壤、沙壤土，重壤与黏土面积很少，见表3-30。

表3-30 河曲县土壤耕层质地概况

耕层质地类型	面积（亩）	百分比（%）
ZDLB002 紧沙土	8 750.50	1.40
ZDLB003 沙壤土	217 874.84	34.84
ZDLB004 轻壤土	362 605.10	57.99
ZDLB005 中壤土	30 862.27	4.94
ZDLB006 重壤土	3 520.60	0.56
ZDLB007 轻黏土	1 716.71	0.27
合计	625 330.01	100.00

从表3－30可知，河曲县轻壤面积居首位，中壤、轻壤，两者占到全县总面积的62.93%，其中壤或轻壤（俗称绵土）物理性沙粒大于55%，物理性黏粒小于45%，沙黏适中。大小孔隙比例适当，通透性好，保水保肥，养分含量丰富，有机质分解快，供肥性好，耕作方便，通耕期早，耕作质量好，发小苗亦发老苗。因此，一般壤质土，水、肥、气、热比较协调，从质地上看，是农业上较为理想的土壤。

沙壤土占河曲县耕地总面积的34.84%，其物理性沙粒高达80%以上，土质较沙。疏松易耕，粒间孔隙度大，通透性好；但保水保肥性能差，抗旱力弱，供肥性差，前劲强后劲弱，发小苗不发老苗。

黏质土即重壤或黏土（俗称垆土），占河曲县总耕地面积的0.83%。其中土壤物理性黏粒（<0.01毫米）高达45%以上，土壤黏重致密，难耕作，易耕期短，保肥性强，养分含量高；但易板结，通透性能差。土体冷凉，坷垃多，不养小苗，易发老苗。

四、土壤阳离子交换量

河曲县耕地土壤阳离子交换量含量变化范围为0.2～8.8厘摩尔/千克，平均值为5.39厘摩尔/千克。见表3－31。

（1）不同行政区域：单寨乡平均值最高，为6.125厘摩尔/千克；其次是旧县、鹿固、前川乡，平均值为5.789厘摩尔/千克；最低是社梁乡，平均值为2.976厘摩尔/千克。

（2）不同土壤类型：潮土未测，栗褐土平均值为5.39厘摩尔/千克。

表3－31　河曲县耕地土壤阳离子交换量分类汇总表

类　别		阳离子交换量（厘摩尔/千克）
		平均值
行政区域	单寨乡	6.125
	旧县乡	5.789
	刘家塔镇	—
	楼子营镇	—
	鹿固乡	5.789
	前川乡	5.789
	沙坪乡	5.615
	沙泉乡	5.613
	社梁乡	2.976
	土沟乡	5.958
	文笔镇	—
	巡镇镇	—
	赵家沟乡	5.410
土壤类型	潮土	
	栗褐土	5.393

备注：以上统计结果依据2007—2009年测土配方施肥项目土样化验结果。

五、土体构型

土体构型是指整个土体各层次质地排列组合情况。它对土壤水、肥、气、热等各个肥力因素有制约和调节作用，特别对土壤水、肥储藏与流失有较大影响。因此，良好的土体构型是土壤肥力的基础。

河曲县耕作的土体构型可概括为四大类，即通体型和夹层型。其中以通体壤质型面积最大，广泛分布于丘陵、二级阶地等，土体构型好。通体沙壤型或夹沙型主要分布于山前丘陵或低山区，该土易漏水漏肥，保肥性差，在施肥浇水上应小畦节浇，少吃多餐，是一种构型较差的土壤。

通体黏质或夹黏型（蒙金型）主要分布在低山区、阶地及山前洪积扇、一级阶地处，通体黏质型虽然保水、保肥性能强，土壤养分含量高，但由于土性冷凉，土质过垆，难以耕作，故发老苗不发小苗。

“蒙金型”又称“绵盖垆”，该土上轻下重，上松下紧，易耕易种，心土层紧实致密，托水托肥，肥水不易渗漏，故既发小苗，又发老苗，所以“蒙金型”是农业生产上最为理想的土体构型。

六、土壤结构

构成土壤骨架的矿物质颗粒，在土壤中并非彼此孤立、毫无相关的堆积在一起，而往往是受各种作物胶结成形状不同、大小不等的团聚体。各种团聚体和单粒在土壤中的排列方式称为土壤结构。

土壤结构是土体构造的一个重要形态特征。它关系着土壤水、肥、气、热状况的协调，土壤微生物的活动、土壤耕性和作物根系的伸展，是影响土壤肥力的重要因素。

河曲县山地土壤由于有机质含量高，主要为团粒结构，粒径在0.25～10毫米，由腐殖质为成型动力胶结而成。团粒结构是良好的土壤结构类型，可协调土壤的水、肥、气、热状况。

河曲县耕作土壤的有机质含量较少，土壤结构主要以土壤中碳酸钙胶结为主，水稳性团粒结构一般在20%～30%。

河曲县土壤的不良结构主要有：

1. 板结 河曲县耕作土壤灌水或降雨后表层板结现象较普遍，板结形成的原因是细黏粒含量较高，有机质含量少所致。板结是土壤不良结构的表现，它可加速土壤水分蒸发、使土壤紧实，影响幼苗出土生长以及土壤的通气性能。改良办法应增加土壤有机质，雨后或浇灌后及时中耕破板，以利土壤疏松通气。

2. 坷垃 坷垃是在质地黏重的土壤上易产生的不良结构。坷垃多时，由于相互支撑，增大孔隙透风跑墒，促进土壤蒸发，并影响播种质量，造成露籽或压苗，或形成吊根，妨碍根系穿插。改良办法首先大量施用有机肥料和掺沙改良黏重土壤，其次应掌握宜耕期，及时进行耕耙，使其粉碎。

土壤结构是影响土壤孔隙状况、容重、持水能力、土壤养分等的重要因素，因此，创造和改善良好的土壤结构是农业生产上夺取高产稳产的重要措施。

七、土壤孔隙状况

土壤是多孔体，土粒、土壤团聚体之间以及团聚体内部均有孔隙。单位体积土壤孔隙所占的百分数，称土壤孔隙度，亦称总孔隙度。

土壤孔隙的数量、大小、形状很不相同，它是土壤水分与空气的通道和储存所，它密切影响着土壤中水、肥、气、热等因素的变化与供应情况。因此，了解土壤孔隙大小、分布、数量和质量，在农业生产上有非常重要的意义。

土壤孔隙度的状况取决于土壤质地、结构、土壤有机质、土粒排列方式及人为因素等。黏土孔隙多而小，通透性差；沙质土孔隙少而粒间孔隙大，通透性强；壤土则孔隙大小比例适中。土壤孔隙可分为 3 种类型：

1. 无效孔隙　孔隙直径小于 0.001 毫米，作物根毛难以伸入，为土壤结合水充满，孔隙中水分被土粒强烈吸附，故不能被植物吸收利用，水分不能运动也不通气，对作物来说是无效孔隙。

2. 毛管孔隙　孔隙直径在 0.001～0.1 毫米，具有毛管作用，水分可借毛管弯月面力保持储存在内，并靠毛管引力向上下左右移动，对作物是最有效水分。

3. 非毛细管孔隙　即孔隙直径大于 0.1 毫米的大孔隙，不具毛管作用，不保持水分，为通气孔隙，直接影响土壤通气、透水和排水的能力。

土壤孔隙一般在 30%～60%，对农业生产来说，土壤孔隙以稍大于 50%为好，要求无效孔隙尽量低些。非毛管孔隙应保持在 10%以上，若小于 5%则通气、渗水性能不良。

河曲县耕地土壤总孔隙度在 20%以上，对作物生长比较适宜。

土壤结构、容重、孔隙度是互相关联、互为因果的，并非孤立存在。结构较好的土壤，容重就小，孔隙度也一定适宜，其诸肥力因素水、肥、气热也比较协调，土肥相融，生产性能优良。反之结构差，容重大，孔隙度大，生产性能也差。因此，上述 3 种性质，关系重要，应当作为培肥土壤的主要目标来对待。

八、土壤碱解氮、全磷和全钾状况

（一）碱解氮

河曲县耕地土壤碱解氮变化范围为 11～218.5 毫克/千克，平均值为 52.135 毫克/千克。见表 3 - 32。

（1）不同行政区域：楼子营镇平均值最高，为 75.07 毫克/千克；其次是巡镇镇，平均值为 62.33 毫克/千克；最低是旧县乡，平均值为 41.77 毫克/千克。

（2）不同土壤类型：潮土平均值最高，为 69.34 毫克/千克；栗褐土最低，平均值为 51.39 毫克/千克。

（二）全磷

河曲县耕地土壤全磷变化范围为 0.355～1.13 克/千克，平均值为 0.61 克/千克，见表 3－32。

（1）不同行政区域：赵家沟乡平均值最高，为 0.64 克/千克；其次是沙坪乡，最低是旧县、陆固、前川，平均值为 0.58 克/千克。

（2）不同土壤类型：栗褐土平均值为 0.61 克/千克，潮土未测定。

（三）全钾

河曲县耕地土壤全钾变化范围为 0.61～21.8 克/千克，平均值为 18.15 克/千克，见表 3－32。

（1）不同行政区域：赵家沟乡平均值最高，为 19.39 克/千克；其次是土沟乡；最低是社梁乡，平均值为 16.47 克/千克。

（2）不同土壤类型：栗褐土平均值为 18.15 克/千克，潮土未测定。

表 3－32　河曲县耕地土壤碱解氮、全磷、全钾分类汇总

类　别		碱解氮（毫克/千克）	全磷（克/千克）	全钾（克/千克）
		平均值	平均值	平均值
行政区域	单寨乡	52.953 5	0.615 5	17.92
	旧县乡	41.766 5	0.582 2	18.277 8
	刘家塔镇	57.743 9	—	—
	楼子营镇	75.073 4	—	—
	鹿固乡	50.289 9	0.582 2	18.277 8
	前川乡	43.666 7	0.582 2	18.277 8
	沙坪乡	45.418 0	0.614 6	18.507 7
	沙泉乡	47.0247 9	0.627 5	18.087 5
	社梁乡	52.916 5	0.6178 6	16.466 7
	土沟乡	46.040 8	0.601 9	18.264 5
	文笔镇	58.517 2	—	—
	巡镇镇	62.326 4	—	—
	赵家沟乡	48.768 3	0.636 5	19.385
土壤类型	粗骨土	—	—	—
	风沙土	—	—	—
	红黏土	—	—	—
	黄绵土	—	—	—
	石质土	—	—	—
	潮土	69.335 3	—	—
	栗褐土	51.389 3	0.610 4	18.153 6

注：表中统计结果依据 2007—2009 年测土配方施肥项目土样化验结果，其中：碱解氮 5 798 个土样、全磷、全钾各 153 个。

第六节　耕地土壤属性综述与养分动态变化

一、耕地土壤属性综述

河曲县 5 800 个样点样测定结果表明，耕地土壤有机质平均含量为 8.101 克/千克，范围 2～37.5 克/千克；全氮平均含量为 0.436 克/千克，范围 0.049～2.615 克/千克；碱解氮平均含量为 52.135 毫克/千克，范围 11～218.5 毫克/千克；有效磷平均含量为 9.547 毫克/千克，范围 3～60.0 毫克/千克；速效钾平均含量为 97.77 毫克/千克，范围 35～351 毫克/千克；缓效钾平均含量为 694.235 毫克/千克，范围 164～1 221 毫克/千克；有效铁平均含量为 5.393 毫克/千克，范围 0.3～29.9 毫克/千克；有效锰平均值为 5.5 毫克/千克，范围 0.1～38.4 毫克/千克；有效铜平均含量为 0.837 毫克/千克，范围 0.02～4.63 毫克/千克；有效锌平均含量为 0.544 毫克/千克，范围 0.01～3.03 毫克/千克；有效硼平均含量为 0.350 毫克/千克，范围 0.01～3.8 毫克/千克；有效硫平均含量为 22.611 毫克/千克，范围 0.8～176.0 毫克/千克；有效钼平均含量为 0.064 毫克/千克，范围 0.03～0.32 毫克/千克；pH 平均值为 8.16，范围 7.0～9.2；阳离子代换量平均值为 5.393 厘摩尔/千克，范围 0.2～8.8 厘摩尔/千克；水溶性盐分总量平均值为 0.403 克/千克，范围 0.1～1.60 克/千克。见表 3－33。

表 3－33　河曲县耕地土壤属性总体统计结果

项目名称	单位	最小值	最大值	平均值	标准差	变异系数	点位数（个）
pH	—	7.0	9.2	8.166	0.278 0	0.034 0	579 8
阳离子交换量	厘摩尔/千克	0.2	8.8	5.393	1.629 0	0.302 1	153
水溶性盐分总量	克/千克	0.1	1.6	0.403	0.226 0	0.5618	2 957
有机质	克/千克	2.0	47.5	8.101	4.643 0	0.573 2	5 798
全氮	克/千克	0.049	2.615	0.436	0.215 0	0.494 3	2 756
碱解氮	毫克/千克	1.1	218.5	52.135	23.571 0	0.452 1	5 798
全磷	克/千克	0.355	1.130	0.610	0.088 7	0.145 3	153
有效磷	毫克/千克	3.0	85.0	9.547	10.244 0	1.07 30	5 798
全钾	克/千克	0.6	21.8	18.154	2.131 0	0.117 4	153
缓效钾	毫克/千克	164	122 1	694.235	121.017 0	0.174 3	3 613
速效钾	毫克/千克	22	351	97.770	43.510 0	0.445 0	5 798
有效铁	毫克/千克	0.3	29.9	5.393	3.009 0	0.572 8	1 563
有效锰	毫克/千克	0.1	38.4	5.500	4.770 0	0.868 1	1 542
有效铜	毫克/千克	0.02	4.63	0.837	0.590 0	0.705 1	1 563
有效锌	毫克/千克	0.01	3.03	0.544	0.420 0	0.772 0	1 547

（续）

项目名称	单位	最小值	最大值	平均值	标准差	变异系数	点位数（个）
水溶态硼	毫克/千克	0.01	3.80	0.350	0.286 0	0.818 3	1 564
有效钼	毫克/千克	0.03	0.32	0.064	0.031 0	0.490 2	191
有效硫	毫克/千克	0.80	176.0	22.611	20.651 0	0.913 3	2 581

二、有机质及大量元素的演变

随着农业生产的发展及施肥、耕作经营管理水平的变化，耕地土壤有机质及大量元素也随之变化。与1984年全国第二次土壤普查时的耕层养分测定结果相比，近30年间，土壤有机质增加了2.48克/千克，全氮增加了0.04克/千克，有效磷增加了4.49毫克/千克，速效钾减少了22.23毫克/千克。见表3-34。

表3-34　河曲县耕地土壤养分动态变化

项目		总体变化状况		土壤类型（土属）			
			黄土质淡栗褐土	红黄土质淡栗褐土	洪积淡栗褐土	冲积潮土	冲积脱潮土
有机质	第二次土壤普查	5.62	4.26	4.57	7.25	15.3	11.2
	本次调查增	8.10 2.48	7.60 3.34	6.35 1.78	9.93 2.68	17.14 1.84	14.4 3.2
全氮	第二次土壤普查	0.4	0.39	0.41	0.62	0.72	0.59
	本次调查增	0.44 0.04	0.41 0.02	0.39 −0.02	0.69 0.07	0.83 0.11	0.72 0.13
有效磷	第二次土壤普查	5.06	5.25	6.25	9.8	19.6	19.2
	本次调查增	9.55 4.49	8.61 3.36	8.51 2.26	11.59 2.79	25.7 6.1	22.63 3.43
速效钾	第二次土壤普查	120	101	120	134	113.5	100.2
	本次调查增	97.77 −22.23	94.11 −6.89	96.5 −23.5	117.71 −16.3	130.48 16.98	124.62 24.42

第四章　耕地地力评价

第一节　耕地地力分级

一、面积统计

河曲县耕地面积 62.533 万亩，其中水浇地 4.5 万亩，占耕地面积的 7.2%；旱地 58.033 万亩，占耕地面积的 92.8%。按照地力等级的划分指标，通过对 8 807 个评价单元 *IFI* 值的计算，对照分级标准，确定每个评价单元的地力等级，汇总结果见表 4-1。

表 4-1　河曲县耕地地力统计

地方分级	国家等级	评价指数	面　积（亩）	所占比重（%）
1	1	≥0.84	16 999.10	2.27
	2			
2	3	0.66～0.84	16 695.58	2.67
3	4	0.42～0.66	123 486.68	19.75
	5			
4	6	0.40～0.42	232 902.15	37.24
5	7	0.36～0.40	196 809.17	31.47
6	8	0.22～0.36	38 437.32	6.15
合计			625 329.99	100.00

二、地域分布

河曲县耕地主要分布在黄河流域的一级、二级阶地，半山黄土丘陵沟壑区，高山土石山区地带。虽然面积广阔，但耕地面积比较小，仅占总面积的 37.51%。

第二节　耕地地力等级分布

一、一 级 地

（一）面积和分布

河曲县该级耕地主要分布在黄河的河漫滩和一级阶地上，面积为 16 999.1 亩，占全县总耕地面积的 2.72%。

（二）主要属性分析

黄河的河漫滩和一级阶地位于河曲县黄河沿岸、交通要道沿线，本级耕地海拔 836～900 米，土地平坦。土壤包括脱潮土和潮土两个亚类，成土母质为河流冲积物，地面坡度为 2°～3°，耕层质地为多为壤土，土体构型为壤夹黏，有效土层厚度 130～170 厘米，平均为 150 厘米，耕层厚度为 18.76 厘米。pH 的变化范围 7.36～8.55，平均值为 8.05。本区地势平缓，无侵蚀，保水，地下水位浅且水质良好，灌溉保证率为充分满足，地面平坦，园田化水平高。

该级耕地土壤有机质平均含量 15.18 克/千克，属省三级水平，比全县平均含量高近 1 倍；有效磷平均含量为 17.38 毫克/千克，属省三级水平，比全县平均含量高 6.24 毫克/千克；速效钾平均含量为 141.86 毫克/千克；比全县高 49.3 毫克/千克，全氮平均含量为 0.82 克/千克，比全县平均含量高 0.38 克/千克；中量元素有效硫比全县平均含量高，微量元素钼、硼偏低，锌较全县平均水平高。见表 4-2。

表 4-2　一级地土壤养分统计表

项目	平均值	最大值	最小值	标准差	变异系数
有机质	15.18	25.50	9.00	2.78	0.18
有效磷	17.38	30.90	4.90	4.96	0.29
速效钾	141.86	202.00	70.00	33.75	0.24
pH	8.05	8.55	7.36	0.25	0.03
缓效钾	711.53	925.00	580.00	51.10	0.07
全氮	0.82	1.70	0.47	0.19	0.24
有效硫	54.12	69.00	29.00	10.00	0.18
有效锰	3.71	20.50	1.10	4.18	1.13
有效钼	0.08	0.09	0.07	0.00	0.04
有效硼	0.49	1.25	0.23	0.19	0.39
有效铁	11.77	18.50	7.50	2.32	0.20
有效铜	1.79	2.90	0.95	0.48	0.27
有效锌	1.06	2.50	0.52	0.35	0.33
耕层厚度	18.76	20.00	15.00	1.87	0.10

注：表中各项含量单位：耕层厚度为厘米，有机质、全氮为克/千克，pH 无单位，其他均为毫克/千克。

该级耕地农作物生产历来水平较高，从农户调查表来看，玉米平均亩产 500 千克，效益显著；蔬菜占全县的 80%以上，是河曲县重要的蔬菜生产基地。

（三）存在主要问题

一是土壤肥力与高产高效的需求仍不适应；二是部分区域地下水资源贫乏。水位持续下降，更新深井，加大了生产成本，多年种菜的部分地块，化肥施用量不断提升，有机肥施用不足，引起土壤板结，土壤团粒结构分配不合理。影响土壤环境质量的障碍因素是城郊的极个别菜地污染。尽管国家有一系列的种粮政策，但最近几年农资价格的飞速猛长，农民的种粮积极性严重受挫，对土壤进行粗放式管理。

（四）合理利用

该级耕地在利用上应主攻高产高效，大力发展设施农业，加快蔬菜生产发展。突出区域特色经济作物如葡萄等产业的开发，复种作物重点发展玉米、大豆间套，花生间套大豆。

二、二级地

（一）面积与分布

河曲县该级耕地主要分布在黄河一级、二级阶地平川一带，包括沿川 28 个行政村，海拔 850--870 米，面积为 16 695.58 亩，占总耕地面积的 2.67%。

（二）主要属性分析

该级耕地包括潮土、脱潮土、淡栗褐土 3 个亚类，成土母质为河流冲积物和黄土状母质，质地多为壤土，灌溉保证率为充分满足，地面平坦，坡度小于 3°，园田化水平高。有效土层厚度为 150 厘米，耕层厚度平均为 18.59 厘米，该级土壤 pH 为 7.44～8.5，土壤容重平均为 8.02 克/立方厘米；有机质平均含量为 12.41 克/千克，属省四级水平；有效磷平均含量为 15.72 毫克/千克，属省三级水平；速效钾平均含量为 129.1 毫克/千克，属省四级水平；全氮平均含量为 0.65 克/千克，属省五级水平。详见表 4－3。

表 4－3　二级地土壤养分统计

项目	平均值	最大值	最小值	标准差	变异系数
有机质	12.41	21.50	5.90	3.10	0.25
有效磷	15.72	31.90	4.80	4.80	0.31
速效钾	129.10	205.00	70.00	31.85	0.25
pH	8.02	8.50	7.44	0.24	0.03
缓效钾	667.13	940.00	490.00	76.40	0.11
全氮	0.65	1.28	0.30	0.19	0.29
有效硫	48.27	68.50	18.00	10.06	0.21
有效锰	4.75	19.00	1.10	3.92	0.82
有效钼	0.08	0.09	0.07	0.00	0.00
有效硼	0.43	0.95	0.12	0.17	0.39
有效铁	9.59	18.50	4.70	2.49	0.26
有效铜	1.50	2.90	0.77	0.41	0.31
有效锌	1.03	2.40	0.47	0.31	0.31
耕层厚度	18.59	20.00	15	8.95	1.04

注：表中各项含量单位：耕层厚度为厘米，有机质、全氮为克/千克，pH 无单位，其他均为毫克/千克。

该级耕地所在区域为河水与深井灌溉区，是河曲县的主要粮、油、瓜果区。瓜、果、菜地的经济效益较高，生产水平较高，粮食生产处于全县中游水平，玉米两茬近 3 年平均亩产 420 千克，是河曲县重要的粮、油、瓜果商品生产基地。

（三）存在主要问题

盲目施肥现象严重，有机肥施用量少，由于产量高造成土壤肥力下降，农产品品质降低。

（四）合理利用

应“用养结合”，以培肥地力为主。一是合理布局，实行轮作、倒茬，尽可能做到须根与直根、深根与浅根、豆科与禾本科、夏作与秋作、高秆与矮秆作物轮作，使养分调剂，余缺互补；二是推广玉米秸秆还田，提高土壤有机质含量；三是推广测土配方施肥技术，建设高标准农田。

三、三 级 地

（一）面积与分布

河曲县该级耕地主要分布在刘家塔、鹿固、沙坪、社梁、旧县等乡（镇）。海拔 900～1 300米，面积为 123 486.68 亩，占总耕地面积的 19.75%，是河曲县面积较大的一个级别。

（二）主要属性分析

该级耕地自然条件较好，地势平缓。耕地包括淡栗褐土和栗褐土 2 个亚类，成土母质为黄土质母质和黄土状母质，耕层质地为中壤、轻壤，土层深厚，有效土层厚度为 150 厘米以上，耕层厚度为 14.78 厘米。土体构型为通体壤，坡度 2°～5°，园田化水平较高；pH 变化范围为 7.45～8.76，平均值为 8.24；有机质平均含量 7.37 克/千克，属省五级水平；有效磷平均含量为 6.0 毫克/千克，属省五级水平；速效钾平均含量为 94.89 毫克/千克，属省五级水平；全氮平均含量为 0.42 克/千克，属省六级水平。见表 4-4。

表 4-4　三级地土壤养分统计

项目	平均值	最大值	最小值	标准差	变异系数
有机质	7.37	22.70	1.10	2.15	0.29
有效磷	6.00	32.30	0.50	4.22	0.70
速效钾	94.89	209.00	30.00	25.78	0.27
pH	8.24	8.76	7.45	0.19	0.02
缓效钾	713.02	950.00	67.00	77.63	0.11
全氮	0.42	1.33	0.16	0.10	0.24
有效硫	27.35	68.50	1.80	14.22	0.52
有效锰	6.13	32.30	0.70	4.80	0.78
有效钼	0.08	0.26	0.04	0.02	0.24
有效硼	0.27	1.40	0.06	0.09	0.31

（续）

项目	平均值	最大值	最小值	标准差	变异系数
有效铁	5.51	24.70	0.60	3.11	0.56
有效铜	0.97	3.00	0.25	0.52	0.54
有效锌	0.55	4.00	0.10	0.33	0.59
耕层厚度	14.78	20.00	14	7.65	0.75

注：表中各项含量单位：耕层厚度为厘米，有机质、全氮为克/千克，pH 无单位，其他均为毫克/千克。

该级所在区域粮食生产水平比较高，据调查统计，玉米平均亩产 350 千克，杂粮平均亩产 200 千克以上，效益较好。

（三）存在主要问题

该级耕地的微量元素硼、钼、铁等含量偏低。

（四）合理利用

1. 科学种田　本区农业生产水平属中等，粮食产量较高，就土壤条件而言，并没有充分显示出高产性能。因此，应采用先进的栽培技术，如选用优种、科学管理、平衡施肥等。施肥上应多喷一些亚硫酸铁、硼砂、硫酸锌等，充分发挥土壤的丰产性能，争取各种作物高产。

2. 作物布局　本区今后应在种植业发展方向上主攻优质杂粮生产的同时，抓好无公害农产品的生产。以玉米、豆类作物间作套种为主，复种指数控制在 30%左右。

四、四 级 地

（一）面积与分布

河曲县大部分乡（镇）的四级耕地主要分布于二级阶地上，边坡和丘陵沟梁峁及旱平地。海拔为 850～920 米，是河曲县的扩浇地的中产田，面积为 232 902.15 亩，占总耕地面积的 37.24%。

（二）主要属性分析

该级耕地分布范围较大，土壤类型复杂，包括石灰性褐土、褐土性土等，成土母质有黄土质、黄土状母质等，耕层土壤质地差异较大，为中壤、轻壤，有效土层厚度为 150 厘米，耕层厚度平均为 15.17 厘米。土体构型为通体壤、灌溉保证率为一般满足，地面基本平坦，坡度 3°～10°，园田化水平不高。土壤 pH 在 7.52～8.78，平均为 8.3；有机质平均含量 6.74 克/千克，属省五级水平；有效磷平均含量为 14.20 毫克/千克，属省六级水平；速效钾平均含量为 84.66 毫克/千克，属省五级水平；全氮平均含量为 0.41 克/千克，属省六级水平；有效硼平均含量为 0.27 毫克/千克、有效铁为 4.67 毫克/千克，属省五级水平；有效锌为 0.48 克/千克，属省五级水平；有效锰平均含量为 6.49 毫克/千克、有效硫平均含量为 22.86 毫克/千克、有效钼平均含量为 0.08 毫克/千克，属省六级水平。见表 4－5。

表 4-5 四级地土壤养分统计

项目	平均值	最大值	最小值	标准差	变异系数
有机质	6.74	20.20	1.30	1.47	0.22
有效磷	4.20	27.00	0.50	2.32	0.55
速效钾	84.66	207.00	45.00	15.62	0.18
pH	8.30	8.78	7.52	0.16	0.02
缓效钾	716.94	955.00	180.00	61.12	0.09
全氮	0.41	1.02	0.16	0.07	0.17
有效硫	22.86	65.00	3.80	2.60	0.17
有效锰	6.49	30.00	1.10	4.75	0.73
有效钼	0.08	0.23	0.04	0.02	0.23
有效硼	0.27	1.52	0.06	0.08	0.28
有效铁	4.67	23.00	0.60	2.17	0.46
有效铜	0.81	2.95	0.27	0.43	0.53
有效锌	0.48	3.00	0.10	0.22	0.45
耕层厚度	15.17	20.00	0.00	2.60	0.17

注：表中各项含量单位：耕层厚度为厘米，有机质、全氮为克/千克，pH 无单位，其他均为毫克/千克。

该级耕地主要种植作物以玉米、杂粮为主，玉米平均亩产量为 300 千克，杂粮平均亩产 150 千克以上，均处于河曲县的中等水平。

（三）存在主要问题

一是灌溉条件较差，干旱较为严重；二是本级耕地的中量元素硫偏低，微量元素的硼、铁、锌偏低，今后在施肥时应合理补充。

（四）合理利用

平衡施肥。中产田的养分失调，大大地限制了作物增产，因此，要在不同区域的中产田上，大力推广平衡施肥技术，进一步提高耕地的增产潜力。

五、五 级 地

（一）面积与分布

河曲县该级耕地主要分布在高山区乡（镇）的梁峁缓坡地，面积为 196 809.16 亩，占总耕地面积的 31.5%。

（二）主要属性分析

该区域为高山丘陵区，土壤多为褐土性土和石灰性褐土亚类。成土母质为黄土质和黄土状，耕层质地为沙壤、中壤，有效土层厚度平均为 150 厘米，耕层厚度为 16.1 厘米。土体构型为夹黏、少姜，灌溉保证率为一般满足，地下水位深，有不同程度的淋溶作用，形成较明显的黏化淀积层。土壤熟化程度不高，保水、保肥性不强。pH 为 7.57～8.74，平均值为 8.32；有机质平均含量 6.74 克/千克，属省五级水平；有效磷平均含量为 4.44 毫克/千克，为省六级水平；速效钾平均含量为 88.42 毫克/千克，均属省五级水平；全氮平均含量为 0.41 克/千克，属省六级水平；微量元素锌省属五级水平；铜属省四级水平；硼、铁、钼、硫、锰均较偏低。见表 4-6。

表 4-6　五级地土壤养分统计

项目	平均值	最大值	最小值	标准差	变异系数
有机质	6.74	19.00	1.30	1.58	0.24
有效磷	4.44	24.50	0.80	2.60	0.59
速效钾	88.42	210.00	45.00	19.47	0.22
pH	8.32	8.74	7.57	0.15	0.02
缓效钾	723.82	980.00	225.00	64.78	0.09
全氮	0.41	0.94	0.13	0.07	0.17
有效硫	22.91	66.00	6.60	11.92	0.52
有效锰	5.56	29.00	0.70	4.17	0.75
有效钼	0.07	0.20	0.04	0.02	0.21
有效硼	0.27	1.57	0.06	0.08	0.31
有效铁	4.79	22.00	0.56	2.13	0.44
有效铜	0.81	2.80	0.25	0.44	0.55
有效锌	0.47	2.60	0.05	0.19	0.40
耕层厚度	16.1	20.00	15	4.95	3.00

注：表中各项含量单位：耕层厚度为厘米，有机质、全氮为克/千克，pH 无单位，其他均为毫克/千克。

该级耕地种植作物以马铃薯、杂粮为主，据调查统计，马铃薯平均亩产 200 千克，杂粮平均亩产 120 千克以上，效益较好。

（三）主要存在问题

该级耕地土壤养分中量，微量元素为中等偏下，地下水位较深，浇水困难。

（四）合理利用

改良土壤，主要措施是除增施有机肥、秸秆还田外，还应种植苜蓿、豆类等养地作物，通过轮作、倒茬，改善土壤理化性质；在施肥上除增加农家肥施用量外，应多施氮肥，平衡施肥，搞好土壤肥力协调，丘陵区整修梯田，培肥地力，防蚀保土，建设高产基本农田。

六、六级地

（一）面积与分布

河曲县该级耕地主要分布在在丘陵区与土石山区的沟壑地带，面积为 38 437.32 亩，占全县总耕地面积的 6.1%。

（二）主要属性分析

该级耕地灌溉保证率为一般或无，全部为旱地，大部分耕地有轻度侵蚀，多为缓坡沟谷地，土壤类型有褐土性土、石灰性褐土；成土母质为黄土质、残积物；耕层质地为轻壤、中壤；质地构型大部分为通体壤，少数壤夹黏、壤夹砾，pH 为 7.95～8.66，平均值为 8.37，耕层厚度平均为 10.38 厘米，有效土层厚度平均 150 厘米；有机质平均含量 6.47 克/千克、有效磷平均含量为 3.31 毫克/千克、速效钾平均含量为 84.25 毫克/千克、全氮平均含量为 0.42 克/千克，均属省五级水平。见表 4－7。

表 4－7　六级地土壤养分统计

项目	平均值	最大值	最小值	标准差	变异系数
有机质	6.47	12.80	2.00	1.25	0.19
有效磷	3.31	11.00	0.80	1.38	0.42
速效钾	84.25	152.00	52.50	11.73	0.14
pH	8.37	8.66	7.95	0.07	0.01
缓效钾	752.46	960.00	560.00	76.36	0.10
全氮	0.42	0.65	0.21	0.05	0.12
有效硫	17.20	59.00	10.50	3.71	0.22
有效锰	3.76	17.50	1.40	1.61	0.43
有效钼	0.06	0.16	0.04	0.01	0.23
有效硼	0.29	0.66	0.06	0.08	0.27
有效铁	3.69	11.50	0.68	0.85	0.23
有效铜	0.61	2.10	0.22	0.18	0.29
有效锌	0.33	1.15	0.08	0.14	0.43
耕层厚度	14.38	18.00	14	7.04	0.68

注：表中各项含量单位：耕层厚度为厘米，有机质、全氮为克/千克，pH 无单位，其他均为毫克/千克。

该级耕地种植作物以杂粮为主，据调查统计，杂粮平均亩产 100 千克以上。

（三）存在问题及合理利用

坡耕地支离破碎，土壤团粒状结构差，保水、保肥性能较差；干旱缺水，侵蚀严重，管理粗放。

由于受地理环境影响，大部分是旱作区，受气候制约因素较大，干旱是影响农业生产的主要因素。因此，在改良措施上，以搞好农田基本建设，提高土壤保墒能力为主。增施有机肥，平衡配方施肥，加大投入。

总之，纵观河曲县生产力等级划分情况，我们认为造成等级差别的主要原因是自然条件和人为因素的综合作用。从全县耕地生产力分级情况看，一级至三级地主要分布在人多地少的河川平地区，丘陵地带也有零星分布。四至六级地则相反，人少地多。应当说，这只是一种暂时现象，一旦条件改变，这种“级”的差异也就随之发生变化，土壤作为一种不断更新的自然资源，也会产生相应的发展演变规律。因此，全县土壤的侵蚀、旱、瘦、沙黏等危害，不论是对作物的产量和品质，还是对农、林、牧业的利用方式与适应性能，都有极大的限制作用。改变这种不利因素，合理调整农、林、牧业的布局，搞好因地种植，全县土壤资源是大有潜力可挖的。河曲县耕地地力评价因素情况见表 4－8。

表 4－8　不同乡（镇）不同等级耕地数量统计

乡（镇）名称	一级（亩）	百分比（%）	二级（亩）	百分比（%）	三级（亩）	百分比（%）	四级（亩）	百分比（%）	五级（亩）	百分比（%）	六级（亩）	百分比（%）	合计（亩）
单寨乡					10 519.08	1.68	23 043.63	3.69	24 475.05	3.91	4 292.24	0.69	62 330
旧县乡					8 338.95	1.33	17 631.38	2.82	5 719.44	0.91	468.92	0.07	32 158.69
刘家塔镇					12 112.72	1.94	33 495.01	5.36	18 398.35	2.94	255.17	0.04	64 261.24
楼子营镇	1 517.14	0.24	4 111.44	0.66	11 088.1	1.77	2 869.33	0.46	6 600.17	1.06	17.47	0	26 203.64
鹿固乡			6.27	0	12 515.67	2	23 167.22	3.7	12 308.47	1.97	74.07	0.01	48 071.7
前川乡					5 124.78	0.82	25 176.98	4.03	15 636.42	2.5	113.88	0.02	46 052.06
沙坪乡					12 649.79	2.02	21 127.82	3.38	12 883.85	2.06	3 351.09	0.54	50 012.56
沙泉乡					9 385.82	1.5	32 418.32	5.18	36 515.2	5.84	9 236.53	1.48	87 555.87
社梁乡					8 375.25	1.34	23 276.56	3.72	11 241.07	1.8	898.68	0.14	43 791.55
土沟乡					4 073.38	0.65	20 012.91	3.2	24 797.09	3.97	2 383.45	0.38	51 266.83
文笔镇	6 883.21	1.1	8 055.82	1.29	14 552.2	2.33	1 320.15	0.21	1 460.54	0.23			32 271.92
巡镇镇	8 598.75	1.38	4 522.06	0.72	11 655.29	1.86	4 819.88	0.77	11 740.04	1.88	139.78	0.02	41 475.79
赵家沟乡					3 095.65	0.5	4 542.95	0.73	15 033.48	2.4	17 206.06	2.75	39 878.14
合计	16 999.1	2.72	16 695.6	2.67	123 486.68	19.75	232 902.15	37.24	196 809.17	31.47	38 437.32	6.15	625 330.01

第五章 中低产田类型、分布及改良利用

第一节 中低产田类型及分布

中低产田是指存在各种制约农业生产的土壤障碍因素，产量相对低而不稳定的耕地。

通过对河曲县耕地地力状况的调查，根据土壤主导障碍因素的改良主攻方向，依据中华人民共和国农业部发布的行业标准 NY/T 310—1996，引用忻州市耕地地力等级划分标准，结合实际进行分析，河曲县中低产田包括以下 4 个类型：沙化耕地型、干旱灌溉改良型、坡地梯改型和瘠薄培肥型。中低产田面积为 580 026.262 亩，占总耕地面积的 92.75%。各类型面积情况统计见表 5-1。

表 5-1 河曲县中低产田各类型面积情况统计

类 型	面积（亩）	占耕地总面积（%）	占中低产田面积（%）
坡地梯改型	132 980.267	21.27	22.93
干旱灌溉改良型	84 009.382	13.43	14.48
瘠薄培肥型	309 373.598	49.47	53.34
沙化耕地型	53 663.015	8.58	9.25
合计	580 026.262	92.75	100

一、沙化耕地型

沙化耕地型的主导障碍因素为风蚀沙化，以及与其相关的地形起伏、水资源开发潜力、植被覆盖率、土体构型、引水放淤与引水灌溉条件等。

河曲县沙化耕地型中低产田面积为 5.37 万亩，占耕地总面积的 8.58%，共有 3 296 个评价单元。主要分布于半山黄土丘陵梁峁背风坡，尤以前川、沙坪、社梁等乡（镇）分布较多，海拔在 1 100 米左右。

二、坡地梯改型

坡地梯改型是指主导障碍因素为土壤侵蚀，以及与其相关的地形、地面坡度、土体厚度，土体构型与物质组成，耕作熟化层厚度与熟化程度等，需要通过修筑梯田埂等田间水保工程加以改良治理的坡耕地。

河曲县坡地梯改型中低产田面积为 13.298 万亩，占耕地总面积的 21.27%，共有 5 208 个评价单元。主要分布于鹿固、社梁、沙坪、前川等乡（镇），海拔为 900～1 250 米。

三、干旱灌溉改良型

干旱灌溉改良型是指由于气候条件造成的降水不足或季节性降水出现不均，又缺少必要的调蓄手段，以及地形、土壤性状等方面的原因，造成的保水蓄水能力的缺陷，不能满足作物正常生长所需的水分需求，但又具备水源开发条件，可以通过发展灌溉加以改良的耕地。

河曲县灌溉改良型中低产田面积为 8.401 万亩，占总耕地面积的 13.43%，共有5 105个评价单元。主要分布于黄河沿岸二级阶地及丘陵乡的缓坡梁峁上，包括刘家塔镇、楼子营镇、文笔镇、巡镇镇、鹿固乡等，海拔为 850～900 米。

四、瘠薄培肥型

瘠薄培肥型是指受气候、地形条件限制，造成干旱、缺水、土壤养分含量低、结构不良、投肥不足、产量低于当地高产农田，只能通过连年深耕、培肥土壤、改革耕作制度，推广旱农技术等长期性的措施逐步加以改良的耕地。

河曲县瘠薄培肥型中低产田面积为 30.937 万亩，占耕地总面积的 49.47%，共有16 007个评价单元。全县各乡（镇）均有分布。

第二节 生产性能及存在问题

一、坡地梯改型

该类型区域地面坡度>10°，以中度侵蚀为主，园田化水平较低，土壤类型为褐土性土，土壤母质为洪积和黄土质母质，耕层质地为轻壤、中壤，质地构型有通体壤、壤夹黏，有效土层厚度大于 150 厘米，耕层厚度 18～20 厘米，地力等级多为五级至六级，耕地土壤有机质含量 7.00 克/千克、全氮 0.42 克/千克、有效磷 4.79 毫克/千克、速效钾 89.17 毫克/千克。存在的主要问题是土质粗劣，水土流失比较严重，土体发育微弱，土壤干旱瘠薄、耕层浅。

二、干旱灌溉改良型

黄北二级阶地区灌溉改良型中低产田，土壤耕性良好，宜耕期长，保水、保肥性能较好。土壤类型为石灰性褐土，土壤母质为黄土状，地面坡度 0°～9°，园田化水平较高，有效土层厚度大于 150 厘米。耕层厚度 23 厘米，地力等级为三级至四级。存在的主要问题是地下水源缺乏，水利条件差，灌溉保证率小于 60%。

黄南二级阶地区此类中低产田，土壤质地良好，多为蒙金土，表土层多为中壤，心土层多为中壤、重壤，易耕种，宜耕期长，保水、保肥性强。土壤类型为石灰性褐土，母质为黄土状。园田化水平高，有效土层厚度150厘米；耕层厚度25厘米，地力等级为五级至六级。主要问题是干旱缺水，水利条件差，灌溉率小于60%，施肥水平低，管理粗放，产量不高。

干旱灌溉改良型土壤有机质含量7.14克/千克、全氮0.41克/千克、有效磷5.33毫克/千克、速效钾90.40毫克/千克。

三、瘠薄培肥型

该类型区域土壤轻度侵蚀或中度侵蚀，多数为旱耕地、高水平梯田和缓坡梯田居多，土壤类型是褐土性土，各种地形、质地均有，有效土层厚度大于150厘米，耕层厚度20厘米，耕层养分含量有机质6.72克/千克、全氮0.41克/千克、有效磷4.16毫克/千克、速效钾86.55毫克/千克。存在的主要问题是田面不平，水土流失严重，干旱缺水，土质粗劣，肥力较差。

四、沙化耕地型

该类型土壤中度侵蚀，全为旱耕地、坡耕地，土壤类型是风沙土，质地多为沙壤，有效土层厚度大于150厘米，耕层厚度20厘米，耕层养分含量有机质为6.58克/千克、全氮0.4克/千克、有效磷4.79毫克/千克、速效钾86.75毫克/千克。存在的主要问题是田面不平，水土流失较重，风蚀严重，干旱缺水，肥力较差，产量低。

河曲县中低产田各类型土壤养分含量平均值情况统计见表5-2。

表5-2　河曲县中低产田各类型土壤养分含量平均值情况统计

类　型	有机质（克/千克）	全氮（克/千克）	有效磷（毫克/千克）	速效钾（毫克/千克）
沙化耕地型	6.58	0.40	4.79	86.75
坡地梯改型	7.00	0.42	4.79	89.17
干旱灌溉改良型	7.14	0.41	5.33	90.40
瘠薄培肥型	6.72	0.41	4.16	86.55
总计平均值	6.83	0.41	4.54	87.69

第三节　改良利用措施

河曲县中低产田面积约为58万亩，占现有耕地面积的92.75%。严重影响全县农业生产的发展和农业经济效益，应因地制宜进行改良。

总体上讲，中低产田的改良、耕作、培肥是一项长期而艰巨的任务。通过工程、生物、农艺、化学等综合措施，消除或减轻中低产田土壤限制农业产量提高的各种障碍因素，提高耕地基础地力，其中耕作培肥对中低产田的改良效果是极其显著的。具体措施如下：

1. 施有机肥　增施有机肥，增加土壤有机质含量，改善土壤理化性状并为作物生长提供部分营养物质。据调查，有机肥的施用量达到每年2 000～3 000千克/亩，连续施用3年，可获得理想效果。主要通过秸秆还田和施用堆肥厩肥、人粪尿及禽畜粪便来实现。

2. 校正施肥　依据当地土壤实际情况和作物需肥规律选用合理配比，有效控制化肥不合理施用对土壤性状的影响，达到提高农产品品质的目的。

（1）巧施氮肥：速效性氮肥极易分解，通常施入土壤中的氮素化肥的利用率只有25％～50％，或者更低。这说明施入土壤中的氮素，挥发渗漏损失严重。所以在施用氮素化肥时一定注意施肥方法、施肥量和施肥时间，提高氮肥利用率，减少损失。

（2）重施磷肥：本区地处黄土高原，属石灰性土壤。土壤中的磷常被固定，而不能发挥肥效。加上部分群众重氮轻磷，作物吸收的磷得不到及时补充。试验证明，在缺磷土壤上增施磷肥增产效果明显。可以增施人粪尿与骡马粪堆沤肥，其中的有机酸和腐殖酸能促进非水溶性磷的溶解，提高磷素的活力。

（3）因地施用钾肥：本区土壤中钾的含量虽然在短期内不会成为限制农业生产的主要因素，但随着农业生产进一步发展和作物产量的不断提高，土壤中的有效钾的含量也会处于不足状态，所在生产中，应定期监测土壤中钾的动态变化，及时补充钾素。

（4）重视施用微肥：作物对微量元素肥料需要量虽然很小，但能提高产品产量和品质，有其他大量元素不可替代的作用。据调查，全县土壤硼、锌、锰、铁等含量均不高，近年来玉米施锌试验，增产效果均很明显。

然而，不同的中低产田类型有其自身的特点，在改良利用中应针对这些特点，采取相应的措施，现分述如下：

一、坡地梯改型中低产田的改良作用

1. 梯田工程　该类地形区的深厚黄土层为修建水平梯田创造了条件。梯田可以减少坡长，使地面平整，变降雨的坡面径流为垂直入渗，防止水土流失，增强土壤水分储备和抗旱能力。可采用缓坡修梯田，陡坡种林，增加地面覆盖度。

2. 增加梯田土层及耕作熟化层厚度　新建梯田的土层厚度相对较薄，耕作熟化程度较低。梯田土层厚度及耕作熟化层厚度的增加是这类田地改良的关键。梯田土层厚度的一般标准为：土层厚大于80厘米，耕作熟化层大于20厘米，有条件的应达到土层厚大于100厘米，耕作熟化层厚度大于25厘米。

3. 农、林、牧并重　此类耕地今后的利用方向应是农、林、牧并重，因地制宜，全面发展。此类耕地应发展种草、植树，扩大林地和草地面积，促进养殖业发展，将生态效益和经济效益结合起来，如实行农（果）林综合农业。

二、干旱灌溉改良型中低产田的改良利用

1. 水源开发及调蓄工程　干旱灌溉型中低产田地处位置，具备水资源开发条件。在

这类地区增加适当数量的水井、修筑一定数量的调水、蓄水工程，以保证一年一熟地浇 3～4 次，毛灌定额 300～400 立方米/亩，一年两熟地浇 4～5 次，毛灌定额 400～500 立方米/亩。

2. 田间工程及平整土地 一是平田整地采取小畦浇灌，节约用水，扩大浇水面积；二是积极发展管灌、滴灌，提高水的利用率；三是在二级阶地除适量增加深井外，要进一步修复和提高沿黄河岸电灌的潜力，扩大灌溉面积。与此同时，要充分发挥引黄灌溉的作用，可采取多种措施，增加灌溉面积。

三、瘠薄培肥型中低产田的改良利用

1. 平整土地与条田建设 将平坦垣面及缓坡地规划成条田，平整土地，以蓄水保墒。有条件的地方，开发利用地下水资源和引水上垣，逐步扩大垣面水浇地面积。通过水土保持和提高水资源开发水平，发展粮果生产。

2. 实行水保耕作法 在平川区推广地膜覆盖、生物覆盖等旱农技术：山地、丘陵推广丰产沟田或者其他高耕作物及种植制度和地膜覆盖、生物覆盖等旱农技术，有效保持土壤水分，满足作物需求，提高作物产量。

3. 大力兴建林带植被 因地制宜地造林、种草与农作物种植有效结合，兼顾生态效益和经济效益，发展综合农业。

第六章　果园土壤质量状况及培肥对策

第一节　果园土壤质量状况

一、立地条件

河曲县果园主要分布于平川和丘陵区。受暖温带半干旱大陆性季风气候的影响，春季温暖干旱，有利于土壤矿物质的氧化与聚集。夏季高温多雨，土地矿物质的分解与合成旺盛。秋季气温下降，冬季寒冷干燥。年平均气温 8℃左右，≥10℃积温为 3 200℃，降水量为 380～450 毫米。

河曲县果区大部分地势平缓，在季节性降雨淋溶作用下，土壤中黏粒和碳酸钙淋溶淀积，土壤多为石灰性褐土。质地多为壤质土，土体结构良好，剖面中有 $CaCO_3$ 积聚，pH 一般为 7.9～8.4，平均值为 8.34。

成土母质主要有洪积物母质、黄土状母质，黄土覆盖深厚，为第四纪 Q_3 马兰黄土。

河曲县地下水平川地较浅；丘陵地下水埋较深，一般在 150 米以上，开发比较困难，灌溉成本较高。

果园区日照数较长，昼夜温差较大，有利于果实糖分积累，提高品质。

二、养分状况

果园土壤的养分状况直接影响水果的品质和产量，从而对果农收入造成一定的影响。果园土壤养分含量在果树生长发育过程中，有着重要的作用。本次调查对河曲县 105 个果园土壤采样点的土壤养分进行了分析（由于果用耕作管理，具有其自身的特殊性，在采样时尽量避开施肥区域）。从分析结果可知，全县果园土壤总体养分含量中等偏下，土壤有机质含量属五级水平，全氮含量属六级水平，有效磷和速效钾含量也均属于五级水平。见表 6-1～表 6-3。

表 6-1　河曲县果园土壤大量元素背景值

项　目	汇总点数	最大值	最小值	平均值	标准差	变异系数
有机质（克/千克）	105	11.5	2.8	6.20	1.92	0.309 7
全氮（克/千克）	105	0.66	0.16	0.35	0.08	0.228 6
有效磷（毫克/千克）	105	62.8	3.3	8.48	4.75	0.560 1
速效钾（毫克/千克）	105	272	46	90.42	25.8	0.285 3
pH	24	8.5	7.9	8.34	0.12	0.014 0

表 6-2　河曲县果园土壤微量元素背景值

单位：毫克/千克

项目	汇总点数	最大值	最小值	平均值	标准差	变异系数
有效铁	23	8.02	3.41	4.69	1.01	0.215 4
有效锌	23	4.13	0.33	0.78	0.772	0.989 7
有效铜	23	0.73	0.38	0.57	0.091	0.159 7
有效锰	23	7.01	3.35	5.16	0.964	0.186 8
有效硼	23	0.81	0.27	0.46	0.149	0.323 9

表 6-3　河曲县果园土壤交换性钙、镁背景值

单位：厘摩尔/千克

项目	汇总点数	最大值	最小值	平均值	标准差	变异系数
交换性钙	22	66	19.6	46.4	10.08	0.217 2
交换性镁	24	6.4	1.0	2.43	1.38	0.569

（一）不同土壤类型（土种）土壤养分含量状况

河曲县果园主要有耕淡栗黄土、耕种壤黄土质淡栗褐土、二合洪淡栗黄土三大主要土种。从其养分状况看，有机质、全氮含量以二合洪淡栗黄土最高，有效磷以耕种壤黄土质淡栗褐土最高，速效钾以耕淡栗黄土最高，见表 6-4。

表 6-4　不同土壤类型（土种）土壤主要养分含量状况

土种名称	点数	面积（亩）	有机质（克/千克）		全氮（克/千克）		有效磷（毫克/千克）		速效钾（毫克/千克）	
			平均值	区域	平均值	区域	平均值	区域	平均值	区域
耕淡栗黄土	52	65 440	5.73	3.4～10.6	0.34	0.16～0.63	6.29	3.3～14	92.0	56～190
耕种壤黄土质淡栗褐土	22	26 160	5.57	3.4～10.1	0.36	0.24～0.61	9.28	4.4～28.7	87.44	56～219
二合洪淡栗黄土	14	6.03	20 790	2.8～11.5	0.38	0.21～0.66	7.24	3.8～17.3	90.14	50～150
合计	88	112 390								

（二）不同果树种类土壤养分状况

从不同果树种类土壤养分状况统计结果看，有机质含量以梨树最低，为 5.09 克/千克；全氮含量以其他树种最高，为 0.41 克/千克；有效磷、速效钾均以其他树种为最高。见表 6-5。

表 6-5　不同果树种类土壤养分状况

果树种类	有机质（克/千克）		全氮（克/千克）		速效磷（毫克/千克）		速效钾（毫克/千克）	
	平均值	汇总点数	平均值	汇总点数	平均值	汇总点数	平均值	汇总点数
梨	5.09	30	0.31	30	8.76	30	91.3	30
苹果	5.57	25	0.36	25	6.97	25	83.96	35
海红	5.79	36	0.35	36	7.27	36	92.17	36
其他	6.5	14	0.41	14	10.71	14	95.79	14

三、质量状况

河曲县果园土壤主要是黄土状石灰性褐土；土壤质地以壤土为主，也有部分黏壤质土和沙壤土。土壤表层疏松、底层紧实，孔隙度较好，土壤含水量适中，土体较湿润；通体石灰反应较为强烈，呈微碱性；土壤耕性较好，保肥保水性能适中，肥力水平相对较低。

根据对河曲县 105 个果园土壤点的养分含量分析显示，有机质含量为 2.8～11.5 克/千克，属四至六级，差别较大；全氮含量为 0.16～0.66 克/千克，属一至六级，平均值 0.35 克/千克，含量较低；有效磷含量 3.3～62.8 毫克/千克，各点差异较大，平均值为 8.48 毫克/千克，属五级水平；速效钾含量 46～272 毫克/千克，平均值为 90.42 毫克/千克，属五级水平，大部分果园土壤缺钾。沿川地区灌溉条件较好，但缺乏合理灌溉。果农技术相对较低，耕作管理的比较粗放。

根据对河曲县 105 个果园土壤点的环境质量调查发现，常年使用农药、化肥，经各种途径进入土壤，虽然土壤的各项污染因素均不超标，但存在潜在的威胁，要引起注意。

四、生产管理状况

（一）施肥情况

提高水果产量、质量，培肥果园土壤，施肥是关键。经过对河曲县果园土壤养分基本情况的调查显示，105 个点位施有机肥的有 88 个点，占调查点位的 83.8%；其中有机、无机肥配合施用的有 76 个点，占调查点位的 72.4%；单施无机化肥的有 17 个点，占调查点位的 16.2%，没有单施有机肥和不施任何肥料的点位。河曲县 105 个调查点，平均施用有机肥 1 000 千克/亩，平均施用纯氮 10 千克/亩，平均施用五氧化二磷 7.2 千克/亩，平均施用氧化钾 5 千克/亩。不同区域施肥情况有所不同。

1. 平川区域施肥现状　河曲县平川区域有机肥平均施用量为 1 250 千克/亩，氮肥为 17 千克/亩，五氧化二磷为 9.6 千克/亩，氧化钾为 6.2 千克/亩。在所调查的样点中均施有机肥，不存在单施有机肥和不施任何肥料的样点。在所调查的样点中，有机肥的施入量存在较大差异，最大施肥量为 2 000 千克/亩，最小施肥量为 600 千克/亩。

2. 丘陵区域施肥现状　经过对丘陵区域样点施肥现状的调查发现，所有样点中仅有

17 个样点不施有机肥，其余样点都是有机、无机配合施用的，不存在不施任何肥料的样点。平均施有机肥为 800 千克/亩，施氮肥为 12 千克/亩，施五氧化二磷为 8 千克/亩，施氧化钾为 3 千克/亩。

（二）灌溉耕作管理情况

培肥果园土壤、灌溉耕作管理措施也是不可缺少的环节。

从对河曲县 105 个果园土壤点调查的结果看，所调查的果园土壤点多数没有灌溉条件，只有 45 个点有灌溉条件，其灌溉方式均为漫灌。灌溉条件好的有 22 个点，占调查点位的 21%；灌溉条件中等的有 23 个点，占调查点位的 22%。从不同区域果园灌溉的情况看，差异很大，灌溉条件好的果园平均年浇水 3.4 次，灌溉条件中等的果园平均年浇水 2.1 次。使用河水和浅井灌溉，每次灌水量 30～40 立方米/亩。

从所调查的 105 个土壤点位来看，管理水平好的有 58 个点，占调查点位的 55.2%；管理水平中等的有 25 个点，占调查点位的 23.8%；管理水平较差的有 21 个点，占调查点位的 21%。从不同区域果园的管理水平来看，平川区果园管理水平较高，丘陵果园管理水平较差。

五、主要存在问题

经调查发现，河曲县果园土壤在施肥和耕作方面有许多不足，主要存在问题如下：

1. 不重视有机肥的施用　由于化肥的快速发展，牲畜饲养量的减少，在优质有机肥先满足瓜菜等作物的情况下，果树施用的有机肥严重不足。据调查，河曲县果园土壤平均每亩施有机肥为 1 000 千克，优质有机肥的施用量则更少。虽然近两年加大了秸秆的还田量，但在部分地区仍未得到重视，再加之其肥效缓慢，仍不能满足果树生长的需要。有机肥的增施可以提高土壤的团粒性能，改善土壤的通气透水性，保水、保肥和供肥性能。根据调查情况可以看出，不施用或施用较少有机肥的果园，土壤板结，果色、果味都相对较差，甚至出现果树病害。

2. 化肥施用配比不当　由于果农对化肥及有机肥的了解不够，以致出现了盲目施肥现象。调查中发现，施肥中的氮、磷、钾等养分比例不当。根据果树的需肥规律，每生产 50 千克果实需要氮、磷、钾配比分别为：苹果 1∶（0.3～0.5）∶（1～1.3）；梨 1∶（0.7～1.3）∶（0.9～1.2），而调查结果 N∶P_2O_5∶K_2O 为 1∶1∶0.5，而部分果园的施用配比更不科学，而且有不少浪费肥料现象。

3. 微量元素肥料施用量不足　调查发现，在果园微量元素肥料的施用上，施用面积和施用量都少。而且施用时期掌握不好，往往是在出现病症后补施，或是在治理病虫害过程中，施用掺杂有微量元素的复合农药剂。此外，由于氮、磷等元素的盲目施用，致使土壤中元素间拮抗现象增强，影响微量元素的有效性。

4. 灌溉耕作管理缺乏科学合理性　由于果农的果业技术素质比较低，对科学管理重视不够，在灌溉耕作方面的科学合理性严重缺乏。灌溉时间不合理，往往是在土壤严重缺水时才灌溉。灌溉量不科学，有的果园水量不足，有的则过量灌水，造成资源浪费。耕作上改善土壤理化性状和土壤的保水、保肥性能方面缺乏有效措施。

第二节　果园土壤培肥

根据当地立地条件，果园土壤养分状况分析结果，按照果树的需肥规律和土壤改良原则，结合今后果业发展方向以及市场对果品质量的高标准要求，建议培土措施如下：

一、增施有机肥，尤其是优质有机肥

一个优质果园要求土壤有机质含量在 15 克/千克以上。河曲县大多数果园土壤有机肥含量在 5 克/千克左右，甚至更低，势必影响河曲县果品质量和经济效益。由于果农习惯速效性化肥的使用，而不重视有机肥的使用，造成树体虚、单产低、品质差，所以应增加有机肥的使用量。一般果园每年应施优质有机肥 2 500 千克左右，低产果园或高产果园以及土壤有机肥含量低于 10 克/千克的果园，每年应每亩施优质有机肥 3 000～5 000 千克。在施用有机肥的同时，配以适量氮磷肥，效果更佳。一方面减少磷素被土壤的固定，另一方面促进有机肥中各养分的转化，以满足果树生长的需求，提高果园土壤养分储量，促进果园土壤肥力可持续发展。积极推广果园行间沟埋农作物秸秆培肥技术，提高土壤有机质含量。除此之外，提倡果农走种养结合的道路，在果树行种草，一年内刈割 2～3 次，覆盖于树盘或树行内，或作为饲料养家畜，家畜制造优质有机肥，这样既能提高土壤肥力，又能增加养殖业效益。特别是有机质、全氮含量较低的地区和高产果园一定要在重视有机肥投入的同时，搞好生物覆盖，适宜本县果园种植的草种有鸭茅草、百脉根、白三叶等。

二、合理调整化肥施用比例和用量

根据果园土壤养分状况、施肥状况、果园施肥与土壤养分的关系，以及果园土壤培肥试验结果，结合果树施肥规律，提出相应的施肥比例和用量。以苹果为例，一般条件下，20～30 年生、株产 225 千克果实的苹果树，每年从土壤中吸收纯氮 498.6 克、磷 38.25 克、钾 728.55 克。可以看出，盛果期苹果树年生产 50 千克果实，一般一年从土壤中吸收纯氮 102.9～110.8 克、磷 8.5～17.03 克、钾 114.56～161.9 克。试验证明，盛果期苹果树每生产 50 千克果实，施氮 560 克、磷 240 克、钾 500 克，可以保持高产、稳产。中低山区和丘陵区应在加强氮磷钾合理配比的基础上，重视微量元素肥料的合理施用，特别是锌肥的使用。

三、增施微量元素肥料

果园土壤微量元素含量居中等水平，再加上土壤中各元素间的拮抗作用，在果树生产中存在微量元素缺乏症状，所以高产果园以及土壤中微量元素较低的果园要在合理施用大量元素肥料的同时，注意施用微量元素肥料。一般果园以喷施为主，高产果园最好 2 年或 3 年每亩地施硼肥或锌肥 1.5～2.0 千克，同时在果树生产期喷施氨基酸类叶面肥，以提高果树的抗逆性能，改善果实品质，提高果实产量。注意，叶面喷施并不能代替土壤施肥，只是土壤施肥的辅助措施。

四、合理的施肥方法和施肥时期

果园土壤施肥应根据果树的生长特点、需肥规律及各种肥料的特性，确定合适的施肥时期和方法。果园土壤的施肥分基肥、追肥和根外追肥 3 种方式。基肥以有机肥为主，一般包括腐殖酸类肥料、堆肥、厩肥、圈肥、秸秆肥等。根据经验，基肥以秋施为好，早秋施比晚秋或初冬施为好，这样有利于果树对肥料养分的吸收，基肥发挥肥效平稳而缓慢。追肥是果树需肥的必要补充，追肥以化肥为主，肥效迅速，追肥主要在萌芽期、花后、果实膨大和花芽分花期及果实膨大后期等时期。然而追肥次数不能过多，否则将造成肥料浪费。根外追肥是微量元素肥料施用的主要方法。根外追肥要慎重选用适当的肥料种类、浓度和喷施时间，以免肥害。喷施时间最好选择在阴天或晴天早晨或傍晚，应注意：①肥料应施在根系密集层，否则根系不能正常吸收养分；②旱地果树施用化肥，不能过于集中，以免根害；③氮肥应分别在果树生长的萌芽、果实膨大期和秋稍停止生长以后施入土壤，最好与灌水相结合，防止氮素损失。

五、科学的灌溉和耕作管理措施

果园灌水要根据果树一年中各物候时期生理活动对水分的要求、气候特点和土壤水分的变化情况而定，果园灌水一般在萌芽至花前、春梢生长期、果实膨大期和越冬期灌水。灌水量不宜过大或过小，一般以田间最大持水量的 60%作为灌溉指标。适宜的灌水量，不仅能提高果实产量和品质，而且可以改善土壤的通气透水性，可以促进土壤养分的有效化，也可改善土壤理化性状。

果园土壤的耕作，应注意耕翻和中耕除草，深耕可以改善根系分布层土壤的结构和理化性状，促进团粒结构的形成，降低土壤容重，增加孔隙度，提高土壤蓄水保肥能力和透气性。中耕的主要目的在于清除杂草，保持土壤疏松，减少水分、养分的散失和消耗。

第七章　耕地地力评价与测土配方施肥

第一节　测土配方施肥的原理与方法

一、测土配方施肥的含义

测土配方施肥是以肥料田间试验、土壤测试为基础，根据作物需肥规律、土壤供肥性能和肥料效应，在合理施用有机肥的基础的上，提出氮、磷、钾及中、微量元素等肥料的施用品种、数量、施肥时期和施肥方法。通俗地讲，就是在农业科技人员指导下科学施用配方肥。测土配方施肥技术的核心是调整和解决作物需肥与土壤供肥之间的矛盾。同时有针对性地补充作物所需的营养元素，作物缺什么元素就补充什么元素，需要多少就补充多少，实现各种养分平衡供应，满足作物的需要。达到增加作物产量、改善农产品品质、节省劳力、节支增收的目的。

二、应用前景

土壤有效养分是作物营养的主要来源，施肥是补充和调节土壤养分数量与补充作物营养最有效手段之一。作物因其种类、品种、生物学特性、气候条件以及农艺措施等诸多因素的影响，其需肥规律差异较大。因此，及时了解不同作物种植土壤中的土壤养分变化情况，对于指导科学施肥具有重要的现实意义。

测土配方施肥是一项应用性很强的农业科学技术，在农业生产中大力推广应用，对促进农业增效、农民增收具有十分重要的作用。通过测土配方施肥的实施，能达到5个目标：一是节肥增产。在合理施用有机肥的基础上，提出合理的化肥投入量，调整养分配比，使作物产量在原有的基础上能最大限度地发挥其增产潜能。二是提高产品品质。通过田间试验和土壤养分化验，在掌握土壤供肥状况、优化化肥投入的前提下，科学调控作物所需养分的供应，达到改善农产品品质的目标。三是提高肥效。在准确掌握土壤供肥特性，作物需肥规律和肥料利用率的基础上，合理设计肥料配方，从而达到提高产投比和增加施肥效益的目标。四是培肥改土。实施测土配方施肥必须坚持用地与养地相结合、有机肥与无机肥相结合，在逐年提高作物产量的基础上，不断改善土壤的理化性状，达到培肥和改良土壤，提高土壤肥力和耕地综合生产能力，实现农业可持续发展。五是生态环保。实施测土配方施肥，可有效地控制化肥特别是氮肥的投入量，提高肥料利用率，减少肥料的面源污染，避免因施肥引起的富营养化，实现农业高产和生态环保相协调的目标。

三、测土配方施肥的依据

（一）土壤肥力是决定作物产量的基础

肥力是土壤的基本属性和质的特征，是土壤从养分条件和环境条件方面，供应和协调作物生长的能力。土壤肥力是土壤的物理、化学、生物性质的反映，是土壤诸多因子共同作用的结果。农业科学家通过大量的田间试验和示踪元素的测定证明，作物产量的构成，有 40%～80%的养分吸收自土壤。养分吸收自土壤比例的大小和土壤肥力的高低有着密切的关系，土壤肥力越高，作物吸自土壤养分的比例就越大；相反，土壤肥力越低，作物吸自土壤的养分越少，那么肥料的增产效应相对增大，但土壤肥力低绝对产量也低。要提高作物产量，首先要提高土壤肥力，而不是依靠增加肥料。因此，土壤肥力是决定作物产量的基础。

（二）有机与无机相结合，大中微量元素相配合

用地和养地相结合是测土配方施肥的主要原则，实施配方施肥必须以有机肥为基础，土壤有机质含量是土壤肥力的重要指标。增肥有机肥可以增加土壤有机质含量，改善土壤理化、生物性状，提高土壤保水保肥性能，增强土壤活性，促进化肥利用率的提高，各种营养元素的配合才能获得高产、稳产。要使作物—土壤—肥料形成物质和能量的良性循环，必须坚持用地、养地相结合，投入、产出相对平衡，保证土壤肥力的逐步提高，达到农业的可持续发展。

（三）测土配方施肥的理论依据

测土配方施肥是以养分归还学说、最小养分律、同等重要律、不可代替律、肥料效应报酬递减律和因子综合作用律等为理论依据，以确定不同养分的施肥总量和肥料配比为主要内容。同时注意良种、田间管护等影响肥效的诸多因素，形成了测土配方施肥的综合资源管理体系。

1. 养分归还学说 作物产量的形成有 40%～80%的养分来自土壤。但不能把土壤看作一个取之不尽、用之不竭的“养分库”。为保证土壤有足够的养分供应容量和强度，保证土壤养分的携出与输入间的平衡，必须通过施肥这一措施来实现。依靠施肥，可以把作物吸收的养分“归还”土壤，确保土壤肥力。

2. 最小养分律 作物生长发育需要吸收各种养分，但严重影响作物生长、限制作物产量的是土壤中那种相对含量最小的养分因素，也就是最缺的那种养分。如果忽视这个最小养分，即使继续增加其他养分，作物产量也难以提高。只有增加最小养分的量，产量才能相应提高。经济合理的施肥是将作物所缺的各种养分同时按作物所需比例相应提高，作物才会优质高产。

3. 同等重要律 对作物来讲，不论大量元素或微量元素，都是同样重要缺一不可的，即使缺少某一种微量元素，尽管它需要量很少，仍会影响某种生理功能而导致减产。微量元素和大量元素同等重要，不能因为需要量少而忽略。

4. 不可替代律 作物需要的各种营养元素，在作物体内都有一定功效，相互之间不能替代，缺少什么营养元素，就必须施用含有该元素的肥料进行补充，不能相互替代。

5. 肥料效应报酬　随着投入的单位劳动和资本量的增加，报酬的增加却在减少，当施肥量超过适量时，作物产量与施肥量之间单位施肥量的增产会呈递减趋势。

6. 因子综合作用律　作物产量的高低是由影响作物生长发育诸因素综合作用的结果，但其中必有一个起主导作用的限制因子，产量在一定程度上受该限制因素的制约。为了充分发挥肥料的增产作用和提高肥料的经济效益，一方面，施肥措施必须与其他农业技术措施相结合，发挥生产体系的综合功能；另一方面，各种养分之间的配合施用，也是提高肥效不可忽视的问题。

四、测土配方施肥确定施肥量的基本方法

（一）土壤与植物测试推荐施肥方法

该技术综合了目标产量法、养分丰缺指标法和作物营养诊断法的优点。对于大田作物，在综合考虑有机肥、作物秸秆利用和管理措施的基础上，根据氮、磷、钾和中、微量元素养分的不同特征，采取不同的养分优化调控与管理策略。其中，氮肥推荐根据土壤供氮状况和作物需氮量，进行实时动态监测和精确调控，包括基肥和追肥的调控；磷、钾肥通过土壤测试和养分平衡进行监控；中、微量元素采用因缺补缺的矫正施肥策略。该技术包括氮素实时监控、磷钾养分恒量监控和中、微量元素养分矫正施肥技术。

1. 氮素实时监控施肥技术　根据不同土壤、不同作物、不同目标产量确定作物需氮量，以需氮量的30%～60%作为基肥用量。具体基施比例根据土壤全氮含量，同时参照当地丰缺指标来确定。一般在全氮含量偏低时，采用需氮量的50%～60%作为基肥；在全氮含量居中时，采用需氮量的40%～50%作为基肥；在全氮含量偏高，采用需氮量的30%～40%作为基肥。30%～60%基肥比例可根据上述方法确定，并通过“3414”田间试验进行校验，建立当地不同作物的施肥指标体系，有条件的地区可在播种前对0～20厘米土壤无机氮进行监测，调节基肥用。

$$\text{基肥用量（千克/亩）}=\frac{\text{（目标产量需氮量}-\text{土壤无机氮）}\times\text{（30\%～60\%）}}{\text{肥料中养分含量}\times\text{肥料当季利用率}}$$

其中：土壤无机氮（千克/亩）＝土壤无机氮测试值（毫克/千克）×0.15×校正系数

氮肥追肥用量推荐以作物关键生育期的营养状况诊断或土壤硝态氮的测试为依据，这是实现氮肥准确推荐的关键环节，也是控制过量施氮或施氮不足、提高氮肥利用率和减少损失的重要措施。测试项目主要是土壤全氮含量、土壤硝态氮含量或小麦拔节期茎基部硝酸盐浓度、玉米最新展开叶叶脉中部硝酸盐浓度，水稻采用叶色卡或叶绿素仪进行叶色诊断。

2. 磷钾养分恒量监控施肥技术　根据土壤有（速）效磷、钾含量水平，以土壤有（速）效磷、钾养分不成为实现目标产量的限制因子为前提，通过土壤测试和养分平衡监控，使土壤有（速）效磷、钾含量保持在一定范围内。对于磷肥，基本思想是根据土壤有效磷测试结果和养分丰缺指标进行分级，当有效磷水平处在中等偏上时，可以将目标产量需要量（只包括带出田块的收获物）的100%～110%作为当季磷肥用量；随着有效磷含

量的增加，需要减少磷肥用量，直至不施；随着有效磷的降低，需要适当增加磷肥用量，在极缺磷的土壤上，可以施到需要量的150%～200%。在2～3年后再次测土时，根据土壤有效磷和产量的变化再对磷肥用量进行调整。钾肥首先需要确定施用钾肥是否有效，再参照上面方法确定钾肥用量，但需要考虑有机肥和秸秆还田带入的钾量。一般大田作物磷、钾肥料全部做基肥。

3. 中微量元素养分矫正施肥技术 中、微量元素养分的含量变幅大，作物对其需要量也各不相同。主要与土壤特性（尤其是母质）、作物种类和产量水平等有关。矫正施肥就是通过土壤测试，评价土壤中、微量元素养分的丰缺状况，进行有针对性的因缺补缺的施肥。

（二）肥料效应函数法

根据“3414”方案田间试验结果建立当地主要作物的肥料效应函数，直接获得某一区域、某种作物的氮、磷、钾肥料的最佳施用量，为肥料配方和施肥推荐提供依据。

（三）土壤养分丰缺指标法

通过土壤养分测试结果和田间肥效试验结果，建立不同作物、不同区域的土壤养分丰缺指标，提供肥料配方。

土壤养分丰缺指标田间试验也可采用“3414”部分实施方案。“3414”方案中的处理1为空白对照（CK），处理6为全肥区（NPK），处理2、4、8为缺素区（即PK、NK和NP）。收获后计算产量，用缺素区产量占全肥区产量百分数即相对产量的高低来表达土壤养分的丰缺情况。相对产量低于50%的土壤养分为极低；相对产量50%～60%（不含）为低，60%～70%（不含）为较低，70%～80%（不含）为中，80%～90%（不含）为较高，90%（含）以上为高（也可根据当地实际确定分级指标），从而确定适用于某一区域、某种作物的土壤养分丰缺指标及对应的肥料施用数量。对该区域其他田块，通过土壤养分测试，就可以了解土壤养分的丰缺状况，提出相应的推荐施肥量。

（四）养分平衡法

1. 基本原理与计算方法 根据作物目标产量需肥量与土壤供肥量之差估算施肥量。计算公式为：

$$\text{施肥量（千克/亩）}=\frac{\text{目标产量所需养分总量}-\text{土壤供肥量}}{\text{肥料中养分含量}\times\text{肥料当季利用率}}$$

养分平衡法涉及目标产量、作物需肥量、土壤供肥量、肥料利用率和肥料中有效养分含量五大参数。土壤供肥量即为“3414”方案中处理1的作物养分吸收量。目标产量确定后因土壤供肥量的确定方法不同，形成了地力差减法和土壤有效养分校正系数法两种。

地力减差法是根据作物目标产量与基础产量之差来计算施肥量的一种方法。其计算公式为：

$$\text{施肥量（千克/亩）}=\frac{\text{（目标产量}-\text{基础产量）}\times\text{单位经济产量养分吸收率}}{\text{肥料中养分含量}\times\text{肥料利用}}$$

基础产量即为“3414”方案中处理1的产量。

土壤有效养分校正系数法是通过测定土壤有效养分含量来计算施肥量。其计算公式为：

$$施肥量（千克/亩）=\frac{作物单位产量养分吸收量\times 目标产量-土壤测试值\times 0.15\times 土壤有效养分校系数}{肥料中养分含量\times 肥料利用率}$$

2. 有关参数的确定

——目标产量　可采用平均单产法来确定。平均单产法是利用施肥区前 3 年平均单产和年递增率为基础确定目标产量，其计算公式为：

目标产量（千克/亩）＝（1＋递增率）×前 3 年平均单产（千克/亩）

一般粮食作物的递增率为 10%～15%，露地蔬菜为 20%，设施蔬菜为 30%。

——作物需肥量　通过对正常成熟的农作物全株养分的分析，测定各种作物百千克经济产量所需养分量，乘以目标产量即可获得作物需肥量。

$$作物目标产量所需养分量（千克）=\frac{目标产量（kg）\times 百千克产量所需养分量（千克）}{100}$$

——土壤供肥量　土壤供肥量可以通过测定基础产量、土壤有效养分校正系数两种方法估算。

通过基础产量估算（处理 1 产量）：不施肥区作物所吸收的养分量作为土壤供肥量。

$$土壤供肥量（千克）=\frac{不施养分区农作物产量（千克）\times 百千克产量所需养分量（千克）}{100}$$

通过土壤有效养分校正系数估算：将土壤有效养分测定值乘一个校正系数，以表达土壤“真实”供肥量。该系数称为土壤养分校正系数。

$$土壤有效养分校正系数（\%）=\frac{缺素区作物地上部分吸收该元素量（千克/亩）}{该元素土壤测定值（毫克/千克）\times 0.15}$$

——肥料利用率　一般通过差减法来计算：利用施肥区作物吸收的养分量减去不施肥区农作物吸收的养分量，其差值视为肥料供应的养分量，再除以所用肥料养分量就是肥料利用率。

$$肥料利用率（\%）=\frac{施肥区农作物吸收养分量（千克/亩）-缺素区农作物吸收养分量（千克/亩）}{肥料施用量（千克/亩）\times 肥料中养分含量（\%）}\times 100$$

上述公式以计算氮肥利用率为例来进一步说明。

施肥区（$N_2P_2K_2$ 区）农作物吸收养分量（千克/亩）：“3414”方案处理 6 的作物总吸氮量；

缺氮区（$N_0P_2K_2$ 区）农作物吸收养分量（千克/亩）：“3414”方案处理 2 的作物总吸氮量；

肥料施用量（千克/亩）：施用的氮肥肥料用量；

肥料中养分含量（%）：施用的氮肥肥料所标明含氮量。

如果同时使用了不同品种的氮肥，应计算所用的不同氮肥品种的总氮量。

——肥料养分含量　供施肥料包括无机肥料与有机肥料。无机肥料、商品有机肥料含量按其标明量，不明养分含量的有机肥料养分含量可参照当地不同类型有机肥养分平均含量获得。

第二节　测土配方施肥项目技术内容和实施情况

一、野外调查与资料收集

为了给测土配方施肥项目提供准确、可靠的第一手数据，达到理论和实践的有机统一，按照农业部测土配方施肥规范要求，对河曲县 13 个乡（镇）340 个行政村 62.533 万亩耕地的立地条件、土壤条件、耕地水肥条件、农作物单位面积产量水平等构成农业生产的基本要素，主要进行了 3 项野外实地调查。一是采样地块调查；二是测土配方施肥准确度调查；三是农户施肥情况调查。3 年共完成野外调查表 6 400 份，其中采样调查表 5 800 份，准确度调查表 300 份，农户施肥情况调查表 300 份。获得各类信息 38.56 万项。初步掌握了全县耕地地力条件、土壤理化性状与施肥管理水平。同时收集整理了 1984 年第二次土壤普查、土壤耕地养分调查、历年肥料动态监测、肥料试验及其相关的图件和土地利用现状图、土壤图等资料。

二、采样分析化验

按照土样采集操作规程，结合河曲县耕地的实际情况，以村为单位，根据立地条件、土壤类型、利用现状、耕作制度、产量水平、地形部位等因素的不同，按照平川 150～200 亩、丘陵山区每 80 亩左右为一个采样单元、每个采样单元的土壤肥力力求均匀一致的原则，对全县 62.533 万亩的耕地进行了采样单元划分。并在土壤利用现状图上加以标注，在实际操作过程中根据实际情况进行适当调整。全县组织了 6 个采样组，3 年共采集标准大田土样 5 800 个，并按要求完成了 5 800 个有机质和大量元素，1 600 个中、微量元素的测试任务，取得土壤养分化验数据 47 373 项次。其中，大量元素 29 867 项次、中微量元素 10 556 项次，其他项目 6 950 项次。

测试方法简述：

(1) pH：土液比 1∶2.5，采用电位法。

(2) 有机质：采用油浴加热重铬酸钾氧化容量法。

(3) 全氮：采用凯氏蒸馏法。

(4) 碱解氮：采用碱解扩散法。

(5) 全磷：选测 10%的样品，采用氢氧化钠熔融——钼锑抗比色法。

(6) 有效磷：采用碳酸氢钠或氟化铵-盐酸浸提——钼锑抗比色法。

(7) 全钾：采用氢氧化钠熔融——火焰光度计或原子吸收分光光度计法。

(8) 速效钾：采用乙酸胺提取——火焰光度计法。

(9) 缓效钾：采用硝酸提取——火焰光度计法。

(10) 有效硫：采用磷酸盐——乙酸或氯化钙浸提-硫酸钡比浊法。

(11) 阳离子交换量：选测 10%的样品，采用 EDTA -乙酸铵盐交换法。

(12) 有效铜、锌、铁、锰：采用 DTPA 提取——原子吸收光谱法。

（13）有效钼：选测10%的样品，采用草酸——草酸胺浸提-极谱法。

（14）水溶性硼：采用沸水浸提——甲亚铵-H比色法或姜黄素比色法。

三、田间试验

根据项目实施方案，对河曲县的主栽作物马铃薯、玉米进行了田间肥效试验。依据试验的具体要求，结合河曲县不同地理区域、不同土壤类型的分布状况及肥力水平等级，参照各区域马铃薯、玉米历年的产量水平，3年共安排“3414”试验50个，校正试验54个。其中，2007年“3414”试验、校正试验各10个，供试作物为玉米；2008年“3414”试验20个，马铃薯6个，玉米14个，校正试验22个，马铃薯8个、玉米14个；2009年“3414”试验20个，校正试验22个，供试作物为玉米和马铃薯。每个试验点所需肥料、种子由县土肥站统一采购，统一称量分装，统一发放到承试户。各个试验点从试验地块的选择、土样采集、小区规划、适期播种、田间管理、观察记载、植株样采集、测产验收等各个环节均在技术人员的实地指导下组织实施，保证了田间试验结果的准确度，较好地完成了田间试验任务。

通过“3414”肥料效应试验，摸清了土壤养分校正系数、土壤供肥能力、作物养分吸收量和肥料利用率等基本参数；掌握了主要作物马铃薯和玉米在不同肥力水平地块的优化施肥量、施肥时期和施肥方法；构建了科学施肥模型，为完善测土配方施肥技术指标体系提供了科学依据。

通过校正试验，从养分投入量、作物产量、效益方面比较了配方施肥与对照之间的增产率、增收和产出投入比。客观评价了配方施肥效果和施肥效益，校正了配方施肥技术参数，验证和优化了肥料配方。进一步推进了河曲县测土配方施肥技术的标准化、规范化。

四、配方设计

根据河曲县2007—2009年5 800个采样点化验结果，应用养分平衡法计算公式，结合2007—2009年马铃薯、玉米“3414”试验初步获得的土壤丰缺指标及相应施肥量，制定了全县主要粮食作物马铃薯、玉米配方施肥总方案，即全县的大配方。以每个采样地块所代表区域为一个配方小单元，提出5 800个精准小配方，即大配方小调整。

1. 玉米配方施肥方案

（1）高产区：≥800千克/亩，N∶P_2O_5∶K_2O为22∶1∶8千克/亩；700～800千克/亩，N∶P_2O_5∶K_2O为18∶10∶7千克/亩。

（2）中产区：500～600千克/亩，N∶P_2O_5∶K_2O为15∶10∶5千克/亩；400～500千克/亩，N∶P_2O_5∶K_2O为15∶8∶5千克/亩。

（3）低产区：300～400千克/亩，N∶P_2O_5∶K_2O为12∶8∶5千克/亩；<300千克/亩，N∶P_2O_5∶K_2O为10∶5∶0千克/亩。

2. 马铃薯施肥配方方案

（1）高产区：>1 600千克/亩，N∶P_2O_5∶K_2O为15∶8∶10千克/亩；1 300～

1 500千克/亩，N∶P_2O_5∶K_2O为15∶8∶5千克/亩。

（2）中产区：1 000～1 300千克/亩，N∶P_2O_5∶K_2O为12∶8∶5千克/亩；1 000～1 200千克/亩，N∶P_2O_5∶K_2O为10∶5∶7千克/亩。

（3）低产区：1 000千克/亩以下，N∶P_2O_5∶K_2O为10∶5∶3千克/亩；＜800千克/亩，N∶P_2O_5∶K_2O为10∶5∶0千克/亩。

五、配方应用与效果评价

河曲县施肥配方的应用主要采取两种方式：一是将主要农作物施肥配方总方案即大配方提供给定点配肥企业。即河曲县土壤肥料工作站根据土壤不同的肥力状况，并参照肥料试验技术参数，制定出不同作物在不同产量水平下的养分配合比例。肥料生产企业按配方生产配方肥，通过服务体系供给农民施用。二是以每个精准小配方所代表的户数提出各户配方施肥建议，并发放到农民手中，农户自行购买单质肥料，按照配方卡各肥料的配合比例，在基层技术员指导下进行现配现用。全县共填写发放配方施肥建议卡11万份，入户率达100%，执行率达到92.3%。

根据河曲县300户马铃薯、玉米种植农户测土配方施肥实施情况的跟踪调查结果汇总表明：马铃薯配方推荐施肥平均增产12.43%，增加效益15.26%；玉米配方推荐施肥平均增产9.2%，增加效益8.5%，与实际执行结果差异不大。

六、配方肥加工与推广

1. 配方肥加工 根据河曲县实际情况，配方肥的配制施用主要采取两种方式：一是配方肥由定点配肥企业生产供给，即河曲县土壤肥料工作站根据土壤不同肥力状况，并参照肥料试验技术参数，制定出不同作物在不同产量水平下的养分配合比例，肥料生产企业按配方生产配方肥，通过服务体系供给农民施用；二是农户自行购买单质肥料，按照配方卡各肥料的配合比例，在基层技术员指导下进行现配现用。河曲县配方肥加工企业是山西省农业厅认定的供肥企业——原平平康磷化公司。河曲县为配方肥生产企业提供的配方见表7-1。

表7-1 河曲县玉米、马铃薯施肥配方比例

单位：千克

马铃薯配方				玉米配方			
N	P_5O_2	K_2O	总养分量	N	P_5O_2	K_2O	总养分量
20	8	10	38	22	12	11	45
20	10	5	35	22	10	8	40
15	8	5	28	18	10	7	35
12	5	8	38	15	10	5	30
10	6	10	26	15	8	5	28

2. 配方肥推广　截至 2009 年制定配方 10 个，企业提供的配方施肥，我们通过县、乡、村三级科技推广网络和 11 家供肥服务点进行供肥。3 年累计，配方肥施用面积 30 万亩，推广配方肥 22 150吨，其中原平磷化公司配方肥 4 200 吨，农民根据配方自采施肥 17 950吨。

七、数据库建设与图件制作

根据测土配方施肥项目数据库建立要求，我们按照农业部测土配方施肥数据字典格式，对项目实施 3 年来收集的各种信息数据进行了录入并分类汇总，建立了比较完整的测土配方施肥属性数据库，涉及田间试验、田间示范、采样地块基本情况、农户施肥情况、土样测试结果、植株测试结果、配方建议卡、配方施肥准确度评价、项目工作情况汇总九大类信息，300 余万数据量，2009 年顺利完成了数据库升级转换。同时，我们以第二次土壤普查、历年土壤肥料田间试验、土壤详查等数据资料为基础，收集整理了本次野外调查、田间试验和土壤分析化验数据。委托太原市富农科技有限公司，建立了测土配方施肥专家系统。委托山西农业大学资环院建立测土配方施肥空间数据库，绘制了土壤图、土壤利用现状图、土壤各种养分含量分布图、采样点位图、测土配方施肥分区图；建立了耕地地力评价与利用数据库，制作了河曲县中低产田分布图、耕地地力等级图等图件。

八、化验室建设

在原有化验设施的基础上，通过项目资金支持，结合项目要求，投资 28 万元购置了所需的先进仪器设备 23 台（件）；规范了总控室、测试室、分析室、浸提室、制水室、土样储存室和药品仪器存放室等；更新了化验台、药品架等基本实施；完善了水、电、暖等附属项目；建立健全了各操作室的规章制度共 18 条。经过整合、修缮、更新，购置，基本建成了设施齐全、功能完善、符合项目要求的土壤分析化验室。

样品化验数据的准确度是整个测土配方施肥的关键，为了很好地完成化验任务，我们采取走出去、请进来方式对化验人员进行了多形式的专业培训，化验开始之前我们就选派 2 名化验人员到大同市土肥站和忻府区农教中心化验室进行了 20 多天的培训学习，基本掌握了分析化验的技能，化验过程中还经常请回省、市化验专职人员进行技术指导，同时还积极参加了仪器生产厂家的不定期新仪器操作技能培训以及省、市土肥站举办的各种化验培训，使化验人员掌握了较高的化验技能。河曲县现有化验员 4 名，均为相关专业毕业的大中专毕业生，另有土样处理，容器洗涤等临时人员 2 名。为保质、保量完成化验任务提供了人员和技术的保障。

九、技术推广应用

农民是各项农业新技术的最终实施者，为将测土配方施肥技术尽快应用于生产实践，转化成新的生产力，我们做了大量有效的工作。

1. 宣传培训 在河曲县范围内采取深入农村组织培训、田间地头实地指导、利用集会散发资料、广播电视专题讲座、醒目位置书写标语等多种形式对测土配方施肥技术进行了全方位的宣传培训。经统计，全县3年共组织各种培训426期，培训50 800人次，培训乡（镇）技术骨干550人次，培训农民技术骨干和科技示范户3 200人次，培训农民46 900余人次，培训营销人员145人次；散发技术资料7.7万份；网络宣传5期；广播电视专题讲座30次；报刊宣传29次；书写固定标语60条；科技赶集45次；召开现场会议9次。通过较大规模的宣传培训，使广大农民普遍掌握了测土配方施肥技术，营造了测土配方施肥技术的社会氛围，调动了社会各界支持参与测土配方施肥的积极性，推进了测土配方施肥工作的顺利实施。

2. 发放施肥建议卡 根据河曲县2007—2009年5 800个采样点化验结果，以每个采样点所代表区域为一个配方分区，提出5 800个配方母卡，再以每个母卡所代表的户数提出分区内各户配方施肥建议卡，并发放到农民手中，由各级农业技术人员指导农民全面实施。全县共填写发放配方施肥建议卡11万份，建议施肥卡内容按规程要求填写，既有化验结果、养分丰缺指标，又有两种施肥方案。为使施肥建议卡及时、有效地发放到农民手中，专门确立了建议卡发放程序。县农业局土肥站负责设计填写施肥建议卡；乡镇农技员负责将施肥建议卡发放给各村分管农业的村委主任；村委主任负责将施肥建议卡发放到农户；农户收到施肥建议卡在签名表上签字。经抽查，施肥建议卡到户率达到100%，执行率达到92.3%。

3. 试验示范与推广 2007—2009年河曲县在完成50个“3414”试验、54个校正试验的基础上，3年建成玉米、马铃薯万亩示范园4个，千亩示范片15个，设立长期跟踪示范观察点45个，观察点分布在全县13个乡镇28个村高、中、低不同肥力地块。示范点依据土样化验数据拟定施肥配方卡，农户按卡施肥。全县300户玉米、马铃薯测土施肥跟踪调查汇总结果表明，马铃薯配方推荐施肥平均增产12.43%，增加效益15.26%；玉米配方推荐施肥平均增产9.2%，增加效益8.5%，与实际执行结果差异不大。准确度达到94.6%。通过以上工作的具体实施，有效地扩大了测土配方施肥项目在全县的影响，极大地提高了农民对测土配方施肥技术的认识，使全县上下形成推广应用测土配方施肥技术的良好氛围，有力地促进了测土配方施肥技术的推广应用。2007—2009年全县共推广完成测土配方施肥技术面积118.6万亩，涉及全县340个行政村的35 000个农户，发放配方卡11万份，配方肥施用面积30万亩，配方肥施用总量22 150吨。其中马铃薯27万亩，亩增产108.4公斤，增产率12.55%，亩增收节支67.4元；玉米51.1万亩，平均亩增产34.7公斤，增产率10.6%，亩增收节支53.3元；其他作物40.5万亩，平均亩增产14.75公斤，增产率13.1%，亩增收节支44.4元。总增产5.29万吨，总减不合理施肥量（纯量）562.8吨，总增产节支6 368.1万元，取得了显著成效。

十、耕地地力评价

我们充分利用外业调查和分析化验等数据，结合第二次土壤普查、土地利用现状调查等成果资料，按照《规范》要求，完成了河曲县耕地地力评价工作。将62.533万亩耕地划分为 6 个等级；按照《全国中低产田类型划分与改良技术规范》，将 58 余万亩中低产田划分为 4 种类型，并提出改良措施。建立了耕地地力评价与利用数据库，建立了耕地资源信息管理系统，制作了河曲县中低产田分布图、耕地地力等级图等图件，编写了耕地地力评价与利用技术报告和专题报告。

十一、技术研发与专家系统开发

专家系统开发有利于测土配方施肥技术研究，有利于测土配方施肥技术的宣传培训，有利于测土配方施肥成果的推广应用。配方施肥的最新成果能让农民通过网络、电话、电视等多媒体和现场培训等形式学习施肥新技术、应用配方成果。河曲县专家系统开发，已在河曲县农业技术推广中心土肥站开始试验并进行测土配方施肥研究和探讨与推广，取得了初步的进展。能够通过土壤测试结果进行肥力分区开展测十配方施肥技术指导和量化施肥。还可以在一定程度上开展进行养分平衡法计算施肥，因为这种方法在很大程度上依赖五大参数的准确度，由于参数较难准确确定，目前技术应用还有一定局限，有待进一步提高技术应用水平。为了方便群众咨询、更好地推进配方施肥综合成果应用，我们组建了河曲县测土配方施肥技术指导专家组，以“河曲县农业信息网”作为信息平台，进行网络咨询服务，并开通了测土配方施肥服务热线电话。辖区内各级农业技术推广单位，各级分管农业的领导干部，科技示范户和种粮大户，以及广大农民群众都可以随时随地通过网络和热线电话咨询测土配方施肥技术。

第三节　田间肥效试验及施肥指标体系建立

根据农业部及山西省农业厅测土配方施肥项目实施方案的安排和省土肥站制定的《山西省主要作物“3414”肥料效应田间试验方案》《山西省主要作物测土配方施肥示范方案》所规定的标准，为摸清河曲县土壤养分校正系数，土壤供肥能力，不同作物养分吸收量和肥料利用率等基本参数；掌握农作物在不同施肥单元的优化施肥量，施肥时期和施肥方法；构建农作物科学施肥模型，为完善测土配方施肥技术指标体系提供科学依据，从 2007 年春播起，我们在大面积实施测土配方施肥的同时，安排实施了各类试验示范 104 点次，取得了大量的科学试验数据，为下一步的测土配方施肥工作奠定了良好的基础。

一、测土配方施肥田间试验的目的

田间试验是获得各种作物最佳施肥品种、施肥比例、施肥时期、施肥方法的唯一途径，也是筛选、验证土壤养分测试方法、建立施肥指标体系的基本环节。通过田间试验，掌握各个施肥单元不同作物优化施肥数量，基、追肥分配比例，施肥时期和施肥方法；摸清土壤养分校正系数、土壤供肥能力、不同作物养分吸收量和肥料利用率等基本参数；构建作物施肥模型，为施肥分区和肥料配方设计提供依据。

二、测土配方施肥田间试验方案的设计

(一) 田间试验方案设计

按照农业部《规范》的要求，以及山西省农业厅土壤肥料工作站《测土配方施肥实施方案》的规定，根据河曲县主栽作物马铃薯和春玉米的实际，采用“3414”方案设计（设计方案见表 7-2、表 7-3、表 7-4）。“3414”的含义是指氮、磷、钾 3 个因素、4 小水平、14 个处理。4 个水平的含义：0 水平指不施肥；2 水平指当地推荐施肥量；1 水平=2 水平×0.5；3 水平=2 水平×1.5（该水平为过量施肥水平）。马铃薯“3414”试验 2 水平处理的施肥量（千克/亩），N 12、P_2O_5 8、K_2O 12；玉米二水平处理的施肥量（千克/亩），N 14、P_2O_5 8、K_2O 8；校正试验设配方施肥示范区、常规施肥区、空白对照区 3 个处理。按照省土肥站示范方案进行。

表 7-2　氮磷二元二次肥料试验设计与“3414”方案处理编号对应表

处理编号	“3414”方案处理编号	处理编码	N	P	K
1	1	$N_0P_0K_0$	0	0	0
2	2	$N_0P_2K_2$	0	2	2
3	3	$N_1P_2K_2$	1	2	2
4	4	$N_2P_0K_2$	2	0	2
5	5	$N_2P_1K_2$	2	1	2
6	6	$N_2P_2K_2$	2	2	2
7	7	$N_2P_3K_2$	2	3	2
8	11	$N_3P_2K_2$	3	2	2
9	12	$N_1P_1K_2$	1	1	2

表 7-3　“3414”完全试验设计方案处理编制表

试验编号	处理编码	施肥水平		
		N	P	K
1	$N_0P_0K_0$	0	0	0
2	$N_0P_2K_2$	0	2	2
3	$N_1P_2K_2$	1	2	2
4	$N_2P_0K_2$	2	0	2
5	$N_2P_1K_2$	2	1	2
6	$N_2P_2K_2$	2	2	2
7	$N_2P_3K_2$	2	3	2
8	$N_2P_2K_0$	2	2	0
9	$N_2P_2K_1$	2	2	1
10	$N_2P_2K_3$	2	2	3

（续）

试验编号	处理编码	施肥水平		
		N	P	K
11	$N_3P_2K_2$	3	2	2
12	$N_1P_1K_2$	1	1	2
13	$N_1P_2K_1$	1	2	1
14	$N_2P_1K_1$	2	1	1

表 7-4 常规五处理试验与“3414”方案处理编号对应表

处理内容	“3414”方案处理编号	处理编码	N	P	K
无肥区	1	$N_0P_0K_0$	0	0	0
无氮区	2	$N_0P_2K_2$	0	2	2
无磷区	4	$N_2P_0K_2$	2	0	2
无钾区	8	$N_2P_2K_0$	2	2	0
氮磷钾区	6	$N_2P_2K_2$	2	2	2

（二）试验材料

供试肥料分别为含量46%的尿素，含量为12%的颗粒磷肥，50%的硫酸钾。

三、测土配方施肥田间试验设计方案的实施

（一）地点与布局

在多年耕地土壤肥力动态监测和耕地分等定级的基础上，将河曲县耕地进行高、中、低肥力区划，确定不同肥力的测土配方施肥试验所在地点。同时，在对承担试验的农户科技水平与责任心、地块大小、地块代表性等条件综合考察的基础上，确定试验地块。试验田的田间规划、施肥、播种、浇水以及生育期观察、田间调查、室内考种、收获计产等工作都由专业技术人员严格按照田间试验技术规程进行操作。

测土配方施肥“3414”类试验主要在马铃薯和玉米上进行，不设重复。2007—2009年，在马铃薯上已进行“3414”试验16点次，校正试验20点次；在玉米上已进行“3414”试验34点次，校正试验34点次。

（二）试验地块选择

试验地选择平坦、整齐、肥力均匀，具有代表性的不同肥力水平的地块；坡地选择坡度平缓、肥力差异较小的田块；试验地避开了道路、堆肥场所等特殊地块。

（三）试验作物品种选择

田间试验选择当地主栽作物品种或拟推广品种。

（四）试验准备

整地、设置保护行、试验地区划；小区应单灌单排，避免串灌串排；试验前采集基础土壤样。

（五）测土配方施肥田间试验的记载

田间试验记载的具体内容和要求：

1. 试验地基本情况

地点：省、市、县、村、邮编、地块名、农户姓名。

定位：经度、纬度、海拔。

土壤类型：土类、亚类、土属、土种。

土壤属性：土体构型、耕层厚度、地形部位及农田建设、侵蚀程度、障碍因素、地下水位等。

2. 试验地土壤、植株养分测试 有机质、全氮、碱解氮、有效磷、速效钾、pH 等土壤理化性状，必要时进行植株营养诊断和中微量元素测定等。

3. 气象因素 多年平均及当年月气温、降水、日照和湿度等气候数据。

4. 前茬情况 作物名称、品种、品种特征、亩产量，以及 N、P、K 肥和有机肥的用量、价格等。

5. 生产管理信息 灌水、中耕、病虫防治、追肥等。

6. 基本情况记录 品种、品种特性、耕作方式及时间、耕作机具、施肥方式及时间、播种方式及工具等。

7. 生育期记录

（1）马铃薯主要记录：播种期、播种量、平均行距、出苗期、幼苗期、发棵期、开花期、结薯期、成熟期等。

（2）春玉米主要记录：播种期、播种量、平均行距、平均株距、出苗期、拔节期、大喇叭口期、抽雄期、吐丝期、灌浆期、成熟期等。

8. 生育指标调查记载

（1）马铃薯主要调查和室内考种记载：亩株数、株高、茎粗、茎数、株薯块数量、亩收获薯块数量、薯块质量、小区产量等。

（2）玉米主要调查和室内考种记载：亩株数、株高、单株次生根、穗位高及节位、亩收获穗数、穗长、穗行数、穗粒数、百粒重、小区产量等。

（六）试验操作及质量控制情况

试验田地块的选择严格按方案技术要求进行，同时要求承担试验的农户要有一定的科技素质和较强的责任心，以保证试验田各项技术措施准确到位。

田间调查项目如基本苗、亩株数、亩成穗、小区产量等。马铃薯采取五点取样，玉米每区全数；玉米室内考种每小区取 1 平方米进行考种。

（七）数据分析

田间调查和室内考种所得数据，全部按照肥料效应鉴定田间试验技术规程操作，利用 Excel 程序和“3414”田间试验设计与数据分析管理系统进行分析。

四、田间试验实施情况

（一）试验情况

1. “3414”完全试验　共安排50点次，其中马铃薯16点次，玉米34点次。分别设在10个乡（镇）25个村庄。

2. 校正试验　共安排54点次，其中马铃薯20点次，分布在8个乡（镇）10个村庄；玉米34点次，分布在10个乡（镇）25个村庄。

（二）试验示范效果

1. “3414”完全试验

（1）马铃薯“3414”试验：共试验16点次。综观试验结果，马铃薯的肥料障碍因子首位的是氮，其次才是磷钾因子。经对各点次试验产量结果与不同处理进行回归分析，得到三元二次方程16个，其相关系数全部达到极显著水平。

（2）玉米“3414”试验：共有34点次。共获得三元二次回归方程34个，相关系数全部达到极显著水平。

2. 校正试验　完成54点次，其中马铃薯20个点次，通过校正试验3年马铃薯平均配方施肥比常规施肥亩增产17.3%；玉米34个点，配方施肥比常规区平均亩增产玉米9.38%。

五、初步建立了马铃薯、玉米测土配方施肥丰缺指标体系

（一）初步建立了作物需肥量、肥料利用率、土壤养分校正系数等施肥参数

1. 作物需肥量　作物需肥量的确定，首先应掌握作物100千克经济产量所需的养分量。通过对正常成熟农作物全株养分的分析，可以得出各种作物的100千克经济产量所需养分量。根据测试结果，河曲县玉米100千克产量所需养分为纯N 2.57千克、P_2O_5 0.86千克、K_2O_2 2.14千克；马铃薯100千克产量所需养分为N 0.55千克、P_2O_5 0.22千克、K_2O 1.02千克。计算公式为：

作物需肥量=［目标产量（千克）/100］×100千克所需养分量（千克）。

2. 土壤供肥量　土壤供肥量可以通过测定基础产量，土壤有效养分校正系数两种方法计算：

（1）通过基础产量计算：不施肥区作物所吸收的养分量作为土壤供肥量，计算公式：

土壤供肥量=［不施肥养分区作物产量（千克）÷100］×100千克产量所需养分量（千克）。

（2）通过土壤养分校正系数计算：将土壤有效养分测定值乘一个校正系数，以表达土壤“真实”的供肥量。

确定土壤养分校正系数的方法是：校正系数=缺素区作物地上吸收该元素量/该元素土壤测定值×0.15。根据这一方法，初步建立了河曲县玉米、马铃薯在不同土壤养分含量下碱解氮、有效磷、速效钾的校正系数。见表7-5和表7-6。

表 7－5　马铃薯土壤养分含量及校正系数

单位：毫克/千克

碱解氮	含量	＜30	30～47	47～67	67～75	＞75
	校正系数	＞0.9	0.8～0.9	0.7～0.8	0.4～0.6	＜0.4
有效磷	含量	＜3	3～7	7～12	12～15	＞15
	校正系数	＞2.6	2～2.6	1.5～2	1～1.5	＜1
速效钾	含量	＜50	50～70	70～110	110～150	＞150
	校正系数	＞1.3	1～1.3	0.65～1	0.4～0.6	＜0.4

表 7－6　玉米土壤养分含量及校正系数

单位：毫克/千克

碱解氮	含量	＜30	30～50	50～65	65～80	＞80
	校正系数	＞1.3	1～1.3	0.8～1	0.6～0.8	＜0.6
有效磷	含量	＜1.5	1.5～5	5～10	10～17	＞17
	校正系数	＞3.3	3.5～3.3	2.0～2.5	1.5～2.0	＜1.5
速效钾	含量	＜58	58～78	78～108	108～150	＞150
	校正系数	＞1	0.7～1	0.5～0.7	0.35～0.5	＜0.35

（3）肥料利用率：肥料利用率通过差减法来求出。方法是：利用施肥区作物吸收的养分量减去不施肥区作物吸收的养分量，其差值为肥料供应的养分量，再除以所用肥料养分量就是肥料利用率。根据这个方法，初步得出我县马铃薯田肥料利用率分别为：尿素32%～41%、过磷酸钙14%～21%、硫酸钾35%～40%。

（4）目标产量的确定方法：利用施肥区前3年平均单产和年递增率为基础确定目标产量，其计算公式为：

目标产量（千克/亩）－（1＋年递增率）×前3年平均单产（千克/亩）。马铃薯的递增率为15%～20%为宜。

（5）施肥方法：最常用的施肥方法有条施、撒施深翻、穴施。基肥采用条施、撒施深翻或穴施；追肥采用条施后中耕或穴施，施肥深度8～10厘米。基肥一次施入；追肥根据不同情况施入。高产田基肥占施肥数量的40%～50%，追肥占施肥数量的50%～60%；中低产田基肥占施肥数量的60%～70%，追肥占施肥数量的30%～40%。

（二）初步建立了马铃薯、玉米施肥丰缺指标体系

通过对马铃薯、玉米“3414”各试验点相对产量与土测值的相关分析，按照相对产量达≥95%、95%～90%、90%～75%、75%～50%、＜50%将土壤养分划分为极高、高、中、低、极低5个等级，初步建立了河曲县马铃薯、玉米测土配方施肥丰缺指标体系。同时经过计算获得不同等级的推荐施肥量。

1. 马铃薯碱解氮丰缺指标（表7－7）

表 7-7　马铃薯碱解氮丰缺指标

等级	相对产量（%）	土壤碱解氮含量（毫克/千克）	纯氮用量（千克/亩）
极高	>93	>81	3
高	85～93	59～81	3.0～5.0
中	70～85	33～59	5～7.5
低	50～70	15～33	7.5～10
极低	<50	<15	10～11.0

2. 马铃薯有效磷丰缺指标（表 7-8）

表 7-8　马铃薯有效磷丰缺指标

等级	相对产量（%）	土壤有效含量（毫克/千克）	P_2O_5 用量（千克/亩）
极高	>93	>17	2.0～3.0
高	90～93	12.4～17	3.0～4.0
中	75～90	5.4～12.4	4.0～6
低	66～75	3～5.4	6.0～7.5
极低	<66	<3	7.5～9

3. 马铃薯速效钾丰缺指标（表 7-9）

表 7-9　河曲县马铃薯速效钾丰缺指标

等级	相对产量（%）	土壤速效含量（毫克/千克）	K_2O 用量（千克/亩）
极高	>93	>154	0
高	87～93	130～154	0～3.0
中	75～87	90～130	3.0～5.0
低	50～75	43～90	5.0～7.5
极低	<50	<43	7.5～8

4. 玉米碱解氮丰缺指标（表 7-10）

表 7-10　河曲县玉米碱解氮丰缺指标

等级	相对产量（%）	土壤碱解氮含量（毫克/千克）	纯氮用量（千克/亩）
极高	>95	>130	6
高	88～95	95～130	6.0～9.0
中	77～88	56～95	9.0～12.0
低	65～77	32～56	12.0～15.0
极低	<65	<32	15～18.0

5. 玉米有效磷丰缺指标（表 7－11）

表 7－11　河曲县玉米有效磷丰缺指标

等级	相对产量（%）	土壤有效磷含量（毫克/千克）	P_2O_5 用量（千克/亩）
极高	＞95	＞30	3
高	90～95	20.0～30	3.0～4.5
中	78～90	10.0～20.0	4.5～6.0
低	65～78	4.0～10.0	6.0～8.0
极低	＜65	＜4	8.0～10.0

6. 玉米速效钾丰缺指标（表 7－12）

表 7－12　河曲县玉米速效钾丰缺指标

等级	相对产量（%）	土壤速效钾含量（毫克/千克）	K_2O 用量（千克/亩）
极高	＞95	＞160	0
高	90～95	130～160	0
中	80～90	80～130	0～3.0
低	70～80	50～80	3.0～5.0
极低	＜70	＜50	5.0～8.0

第四节　主要作物的测土配方施肥技术

一、马铃薯测土配方施肥技术

河曲县历年马铃薯的种植面积在 8 万～10 万亩，占全县总耕地面积的 15%左右，马铃薯产量的高低直接关系着人民的生活安定和社会的稳定。

（一）马铃薯的需肥特征

1. 马铃薯的需肥量　马铃薯是高产喜钾作物，对肥料的反应极为敏感。据测定，每生产 100 千克鲜薯，约需从土壤中吸收纯氮 0.2 千克、磷 0.2 千克、钾 1.02 千克，氮磷钾的吸收比例为 1∶0.4∶1.85。所以，马铃薯对肥料三要素的需要以钾最多，氮次之，磷最少。随着马铃薯产量的提高，对氮、磷、钾的吸收量也相应提高。

2. 马铃薯对养分的需求特征

（1）氮：氮素肥料对马铃薯生长有重要作用，氮是作物体内许多重要有机化合物的组成部分，如蛋白质、叶绿素、生物碱和一些激素等都含有氮。氮素营养充足时，能促使马铃薯茎叶生长，枝叶繁茂，叶色浓绿，同化面积大，延长叶片功能期，光合作用旺盛，净光合生产率提高，利于养分积累，以提高块茎的干物质含量、蛋白质含量和产量。

施用氮肥过量时，会引起植株徒长，茎叶相互遮阴，叶片的光合效率降低，植株底部叶片不见光而变黄脱落，延迟结薯，降低产量。湿度大时，由于植株郁闭，通风透风性差，晚疫病发生严重，导致减产。种薯生产田过量施用氮肥，能使花叶病毒症状隐蔽，不利于拔除病株；同时延迟成龄株抗性形成，蚜虫传播病毒后，增殖快、运转到新生块茎中的速度快，导致种薯退化。

氮肥不足，特别是低温多雨年份，缺乏有机质或酸性过强的土壤，容易发生缺氮现象。植株缺氮，根系发育不良、生长缓慢，茎秆细弱，植株矮小，叶片小而薄，与茎的角度变小，叶色变成黄绿或灰绿、分枝少，开花早而花量少，植株基部叶片逐渐褪绿、脱落，并向顶部叶片扩展。严重缺氮时，植株生长后期，基部老叶全部呈黄色或黄白色，只有顶部有很少的绿色叶片。马铃薯缺氮，不仅减产，而且影响块茎品质。

马铃薯高产植培应根据土壤类型，增施有机肥，合理施用氮肥。如由于缺氮，需要追肥时，必须在出齐苗后，早追氮肥，氮肥追施过晚，易引起茎叶徒长，影响结薯。

（2）磷：磷是植物体内多种重要化合物如核酸、核苷酸、磷脂等的组成成分，同时参与体内碳水化合物的合成，并参与碳水化合物分解成单糖，提供马铃薯生长的能量，以及脂肪代谢等。磷肥促进根系发育，增强植株的抗旱、抗寒能力和适应性。磷肥充足时，能提高氮肥利用效率，幼苗发育健壮，有利于植株体内各种物质的转化和代谢，促进植株早熟，增加块茎干物质和淀粉积累，提高块茎品质、增强耐储性。

缺磷常发生在各种土壤中，特别是酸性、黏重土壤，有效态磷易被固定而不能为作物吸收，土壤中磷的利用率很低，马铃薯一般只能吸收10%，土壤中约90%的磷不能被马铃薯吸收利用；在沙质土壤中，保肥力差，更易发生缺磷现象。

磷肥不足，生育初期症状明显，根系的数量和长度减少，植株生长缓慢，茎秆矮小或细弱僵立，缺乏弹性，分枝减少，叶柄上竖，叶片变小，向上卷曲，叶色暗绿无光泽，光合效率低。严重缺磷的植株基部叶片叶尖褪绿变褐，逐渐向全叶扩展，叶片黄化，最后整个叶片枯萎脱落，并向下向上扩展到植株顶部。块茎开始形成、膨大和淀粉的积累都需要磷的参与，缺磷会减少匍匐茎数量、使块茎少而小，有时块茎薯肉会出现褐色斑，蒸煮时锈斑薯肉变硬，影响产量和品质。

为提高马铃薯产量，应重视磷肥的施用。在马铃薯播种的同时，应以氮、磷、钾速效性复合颗粒肥作种肥施入播种沟内。尤其在酸性土、黏重土和沙性土上种植马铃薯时，应特别注意施用磷肥。生育期间如发现缺磷，应及时进行叶面喷施0.1%～0.2%的磷酸二氢钾溶液，傍晚喷施，易于株吸收，一般喷施2～3次。

（3）钾：马铃薯为喜钾作物，需钾量很多。钾肥在马铃薯植株体不形成稳定的化合物，呈离子状态存在。钾主要起调节生理功能的作用，促进光合作用和提高二氧化碳的同化率，促进光合作用产物的运输，促进体内蛋白质、淀粉、纤维素的合成与积累。钾素调节细肥渗透作用，激活酶的活性，钾肥充足，植株生长健壮，茎秆坚实，叶片增厚，延迟叶片衰老，增强抗寒和抗病性。此外，钾素营养对马铃薯的品质有重要影响。

钾素不足，植株生长缓慢，节间缩短，植株呈丛生状；缺钾使植株基部叶片最先变成褐色或古铜色斑，以后坏死、枯萎，逐渐向中部、顶部叶片发展。小叶叶片小，叶表粗糙，叶尖及叶缘上卷，并由绿逐渐变为暗绿、黄褐色，最后发展至全叶。缺钾还会造成根系发育不良，吸收能力减弱，匍匐茎缩短，块茎变小，产量低、品质差，有的品种蒸煮时薯肉呈灰黑色。

我国北方土壤中钾的含量丰富，在目前生产水平上，一般不会缺钾；南方和中原地区，应重视施用钾肥。生育期间缺钾，要及时用0.2%～0.3%的磷酸二氢钾水溶液进行叶面喷施，每隔5～7天喷洒1次，连喷2～3次。

（4）钙：钙在块茎中的含量约占各种矿质营养元素的7%，相当于钾的1/4，含量虽少，但钙是马铃薯生长发育所必需的营养元素之一。钙是构成细胞壁的重要元素，还对细胞膜构成和渗透性以及在细胞伸长和分裂方面起重要作用。钙除作为营养供植株吸收利用外，还能中和土壤酸性，抑制其他元素的毒害作用。

当植株缺钙时，分生组织首先受害，植株的顶芽、侧芽、根尖等分生组织首先出现缺素症，细胞壁的形成受阻，从而影响细胞分裂。在植株形态上表现叶片变小，小叶边缘上卷而皱缩，叶缘黄化，后期坏死；茎节缩短，植株顶部呈丛生状，叶片、叶柄及茎上出现杂色斑点。缺钙时，块茎短缩、畸形，髓部出现褐色而分散的坏死斑点，易发生空心或黑心，储藏后出芽时，有时芽顶端出现褐色坏死，甚至全芽坏死。

一般种植马铃薯的土壤不会缺钙，但酸性土壤容易缺钙，特别是pH≤4.5的强酸性土壤，应施用石灰补充钙质，降低土壤酸性，对增产有良好效果。

（5）镁：镁是叶绿素的构成元素之一，因此它与植株的光合作用密切相关。镁也是多种酶的活化剂，影响呼吸作用，并影响核酸、蛋白质的合成和碳水化合物的代谢。

植株缺镁时首先影响到叶绿素的合成，其症状是从基部叶片的小叶边缘开始由绿变黄，逐渐发展到上部叶片，叶片脉间黄化，叶脉仍呈绿色。严重缺镁时，叶色由黄变褐，叶片变厚、变脆并向上卷曲，最后病叶枯萎脱落，植株早衰而严重减产。

缺镁多发生在沙质和酸性土壤。近年来，由于各地化肥的施用量迅速增加，土壤趋向酸性化，这是造成土壤缺镁的重要原因之一。此外，施用钾肥过多时，会抑制植株对镁的吸收，从而引起缺镁。

在酸性和沙质土壤中增施镁肥，对马铃薯有较好的增产效果。土壤缺镁时，应沟施硫酸镁或其他含镁肥料（如钙镁磷肥等）；植株缺镁时，可用0.5%的硫酸镁溶液进行叶面喷施，每隔5～7天喷施一次，直至植株的缺镁症状消失。

（6）硼：硼是马铃薯生长发育不可缺少的重要微量元素之一，虽然植株对硼的需要量很少，但硼对分生组织和新细胞的发育、花粉萌动及其生长、正常受粉、坐果和结籽都有重要作用。硼在植株体内能促进碳水化合物的合成、代谢、运转，以及细胞的分裂，加速植株生长和叶面积的形成，促进块茎中干物质和淀粉的积累。

植株缺硼时，生长缓慢，主茎和侧芽的生长点坏死，节间缩短，主茎基部有褐色斑点出现，分枝多，植株呈丛生状，叶片变厚且上卷，影响光合产物的运转，叶片内积累大量淀粉，类似卷叶病毒病；根尖顶端萎缩，支根增多，根系不能向深层发展，抗旱能力下降，块茎小，近匍匐茎端处薯皮变褐色或产生裂缝，或局部维管束变褐。

一般贫瘠的沙质土壤容易缺硼。当土壤中有效硼含量≤0.5毫克/千克时，可在基肥中施用硼酸7.5千克/公顷。

（7）锰：锰促进作物的光合作用，特别是氧的释放，能激活三羟酸循环中的某些酶，提高呼吸强度；在光合作用中，水的光解需要有锰参与。锰也是叶绿体的结构成分，缺锰时，叶绿体结构会被破坏解体。缺锰的症状发生在植株的上部，而下部叶片几乎不受影响。缺锰时叶片脉间失绿，逐渐黄化，有时顶部叶片向上卷曲，严重时，幼叶叶脉出现褐色坏死斑点。锰过多时，易发生毒害作用，最初在茎的基部和叶柄的基部产生条斑，条斑坏死或茎破裂，并逐渐向上发展。

当植株出现缺锰症状时，可进行叶面喷施0.3%硫酸锰水溶液1～2次。

（8）铜：在马铃薯块茎形成与块茎增长的交替时期，微量元素铜对提高植株净光合生产率有特殊的作用。铜是含铜氧化酶的组成部分，能影响呼吸作用中的氧化还原过程，因此它能增强呼吸作用，提高蛋白含量，对增加叶绿素的含量、延缓叶片衰老、增强抗旱能力有良好作用。所以马铃薯有“喜铜作物”之称。在花期喷铜或铜、硼混合液，有增产效果。缺铜植株生长瘦弱，新生叶失绿发黄，呈凋萎干枯状，叶尖发白卷曲，叶缘灰黄色，叶片上出现坏死斑点，分蘖或侧芽多，呈丛生状。繁殖器官发育受阻，种子呈秕粒。

（9）铁：铁是叶绿体和叶绿素合成所必需的，还是许多酶的组成成分和活化剂，参与光合作用、生物固氮作用、呼吸作用。马铃薯缺铁时，幼叶轻微失绿，并且有规则地扩展到整株叶片，继而失绿部分变成灰黄色。严重缺铁时，失绿部分几乎变成白色，向上卷曲，下部叶片保持绿色。

（10）锌：锌是植物体内多种酶的组成成分，参与多种酶的活动；又是吲哚乙酸（生长素）合成所必需的物质；促进光合作用；参与蛋白质的合成；促进生殖器官发育。缺锌时，植株中吲哚乙酸减少，株型异常，植株生长受阻，嫩叶褪绿并上卷，与早期卷叶病毒病症状相似，叶片上有褐色、青铜色斑点，以后变成坏死斑，叶柄和茎上也出现褐色斑点，叶片变薄变脆。锌含量过高，当叶片中锌水平超过400毫克/千克，发生毒害，生长发育受抑制，尤其节间生长严重受阻，上部叶片边缘轻微褪色，下部叶片背面呈紫色。

当土壤缺锌时可结合施用基肥与土杂肥混合硫酸锌，每公顷混施7.5～11千克；也可于发棵期、结薯期、叶面喷施0.3%硫酸锌溶液1～2次。

（11）钼：钼是硝酸还原酶和固氮酶的组成部分；参与光合作用和呼吸作用；促进有机含磷化合物的代谢；促进繁殖器官的形成。马铃薯缺钼时，下部老龄叶片上呈现明显的黄化和斑点，叶脉仍然保持绿色，而后失绿部分扩大。小叶叶缘显著地向上卷曲，尖端和叶缘处产生皱缩和死亡。新生叶片初呈绿色，随后逐渐失绿和发生卷曲。

3. 马铃薯各生育期需肥规律

马铃薯各生育期对营养物质有不同的要求。发芽至幼苗期，由于块茎中含有丰富的营养物质，从土壤中吸收养分较少，占全生育期的25%。块茎形成期至块茎增长期，吸收养分较多，约占全生育期的50%以上，淀粉积累期吸收养分又趋减少，约占全生育期的25%左右。

马铃薯在水分和根部营养元素充足的情况下，其植株生长越繁茂，所形成的块茎就越多。但在水肥不足，特别是CO_2气体营养缺乏的情况下，这个规律就不复存在。据研究证明，凡是地上部茎叶繁茂、生长势很强，但结薯少，产量很低的，主要与CO_2营养条件恶化有关。而增施大量有机肥料，是改善土壤理化状况，补充CO_2，提高光合强度的途径之一，也是获得马铃薯高产的一项有效措施。

（二）马铃薯施肥技术

1. 肥料施用量

马铃薯主要种植于河曲县的梯田、旱坪地以及沟坡地。本区土壤养分变化较大，梯田旱坪地土壤肥力较高，土壤有机质多在 7.5 克/千克以上，有效磷 6.24 毫克/千克左右。沟坡地因耕作粗放，施肥较少，土壤肥力相对较低，有机质一般在 6.0～6.5 克/千克，有效磷 5.0 毫克/千克以下。目前产量水平在每亩 800～1 600千克。本区配方施肥要从解决农家肥、磷肥不足出发，并注意微量元素肥料和钾肥的施用。

（1）梯田旱坪地：土壤有机质含量在 7.5 克/千克以上，全氮含量在 0.65 克/千克左右，速效钾在 98 毫克/千克左右，有效磷在 6.24 毫克/千克左右。目标产量为每亩 1 200～1 600千克。在亩施农家肥 1 000 千克的基础上，每亩地需施纯 N 4～10 千克，P_2O_5 2～6 千克，K_2O_3 3～8 千克。

（2）沟坡地：土壤有机质含量在 6.0～6.5 克/千克，全氮 0.45～0.6 克/千克，有效磷 5.0 毫克/千克左右，速效钾 92 毫克/千克。目标产量为 800～1 200 千克/亩。每亩在施农家肥 800 千克的基础上，每亩地需纯 N 3～6 千克，P_2O_5 2～4 千克，K_2O_2 2～5 千克。见表 7 - 13。

表 7 - 13　河曲县马铃薯测土配方施肥量

单位：千克/亩

目前产量（千克）	耕地地力等级	氮施肥量（N）			磷施肥量（P_2O_5）			钾施肥量（K_2O）		
		低	中	高	低	中	高	低	中	高
800	5～6	5	4	4	3	2	1.5	3	0	0
1 000	3～4	7	6	4	4	3	1.5	7	3	1
1 200	2～3	9	7	5	7	4	2	10	5	2
1 400	1～2	10	8	5	6	4	2	10	7	3
1 600	1	16	10	8	10	6	3	12	8	5

锌肥对马铃薯有明显的增产效果。据试验，马铃薯每亩施 1.5 千克硫酸锌肥，比不施锌肥对照的马铃薯每亩增产 300 千克以上，增产幅度为 20%。因此马铃薯田应注意增施锌肥。

2. 施肥时期和方法

（1）基肥：马铃薯生育期间，应以基肥为主。有机肥、钾肥、大部分磷肥和氮肥都应作基肥，磷肥最好和有机肥混合沤制后施用。基肥可以在秋季或春季结合耕地沟施或撒施。微量元素肥料可混合 10 倍左右的细土条施，也可作种肥施用。

（2）种肥：马铃薯每亩用 5 千克硝铵、5 千克普钙混合 100 千克有机肥播种时条施或穴施于薯块旁，有较好的增产效果。

（3）追肥：马铃薯一般在开花以前进行追肥，早熟品种应提前施用。开花以后不宜追施氮肥，可根外喷洒磷钾肥。追肥主要用速效氮肥，如硫酸铵、硝酸铵或尿素。每亩用量为纯氮 3 千克左右。

二、玉米测土配方施肥技术

（一）玉米的需肥特征

1. 玉米对肥料三要素的需要量 玉米是需肥、水较多的高产作物，一般随着产量提高，所需营养元素也在增加。玉米全生育期吸收的主要养分中，以氮为多、钾次之、磷较少。玉米对微量元素尽管需要量少，但不可忽视，特别是随着施肥水平提高，施用微肥的增产效果更加显著。

玉米单位籽粒产量吸氮量和吸磷量随产量的提高而下降，而吸钾量则随产量的提高而增加。产量越高，单位籽粒产品产量所需氮、磷越少，吸氮、磷的变幅也变小，也越有规律性，单位氮素效益不断提高。

综合国内外研究资料，一般每生产 100 千克玉米籽粒，需吸收纯氮 2.57 千克、磷 0.86 千克、钾 2.14 千克，肥料三要素的比例约为 3：1：2。吸收量常受播种季节、土壤、肥力、肥料种类和品种特性的影响。据全国多点试验，玉米植株对氮、磷、钾的吸收量常随产量的提高而增多。

2. 玉米对养分需求的特点 玉米吸收的矿质元素多达 20 余种，主要有氮、磷、钾三种大量元素，硫、钙、镁等中量元素，铁、锰、硼、铜、锌、钼等微量元素。

（1）氮：氮在玉米营养中占有突出地位。氮是植物构成细胞原生质、叶绿素以及各种酶的必要因素。因而氮对玉米根、茎、叶、花等器官的生长发育和体内的新陈代谢作用都会产生明显的影响。

玉米缺氮，株形细瘦，叶色黄绿。首先是下部老叶从叶尖开始变黄，然后沿中脉伸展呈楔形（V），叶边缘仍呈绿色，最后整个叶片变黄干枯。缺氮还会引起雌穗形成延迟，甚至不能发育，或穗小、粒少、产量降低。

（2）磷：磷在玉米营养中也占重要地位。磷是核酸、核蛋白的必要成分，而核蛋白又是植物细胞原生质、细胞核和染色体的重要组成部分。此外，磷对玉米体内碳水化合物代谢有很大作用。由于磷直接参与光合作用过程，有助于合成双糖、多糖和单糖；磷促进蔗糖的植株体内运输；磷又是三磷酸腺苷和二磷酸腺苷的组成成分。这说明磷对能量传递和储藏都起着重要作用。良好的磷素营养，对培育壮苗，促进根系生长，提高抗寒、抗旱能力都具有实际意义。在生长后期，磷对植株体内营养物质运输、转化及再分配、再利用有促进作用。磷由茎、叶转移到果穗中，参与籽粒中的淀粉合成，使籽粒积累养分顺利进行。

玉米缺磷，幼苗根系发育减弱，生长缓慢，叶色紫红；开花期缺磷，抽丝延迟，雌穗受精不完全，发育不良，粒行不整齐；后期缺磷，果穗成熟推迟。

（3）钾：钾对维持玉米植株的新陈代谢和其他功能的顺利进行起着重要作用。因为钾能促进胶体膨胀，使细胞质和细胞壁维持正常状态，由此保证玉米植株多种生命活动的进行。此外，钾还是某些酶系统的活化剂，在碳水化合物代谢中起着重要作用。总之，钾对玉米生长发育以及代谢活动的影响是多方面的。如对根系的发育，特别是须根形成、体内淀粉合成、糖分运输、抗倒伏、抗病虫害都起着重要作用。

玉米缺钾，生长缓慢，叶片黄绿色或黄色。首先是老叶边缘及叶尖干枯呈灼烧状是其突出的标志。缺钾严重时，生长停滞、节间缩短、植株矮小；果穗发育不正常，常出现秃顶；籽粒淀粉含量减低，粒重减轻；容易倒伏。

（4）硼：硼能促进花粉健全发育，有利于授粉、受精，结实饱满。硼还能调节与多酚氧化酶有关的氧化作用。

玉米缺硼，在玉米早期生长和后期开花阶段植株呈现矮小，生殖器官发育不良，易成空秆或败育，造成减产。缺硼植株新叶狭长，叶脉间出现透明条纹，稍后变白变干；缺硼严重时，生长点死亡。

（5）锌：锌是对玉米影响比较大的微量元素，锌的作用在于影响生长素的合成，并在光合作用和蛋白质合成过程中起促进作用。

玉米缺锌，因生长素不足而细胞壁不能伸长，玉米植株发育甚慢，节间变短。幼苗期和生长中期缺锌，新生叶片下半部呈现淡黄色甚至白色，故也叫“白苗病”；叶片成长后，叶脉之间出现淡黄色斑点或缺绿条纹，有时中脉与边缘之间出现白色或黄色组织条带或是坏死斑点，此时叶面都呈现透明白色，风吹易折；严重缺锌时，开始叶尖呈淡白色泽病斑，之后叶片突然变黑，几天后植株完全死亡。玉米中后期缺锌，使抽雄期与雌穗吐丝期相隔日期加大，不利于授粉。

（6）锰：玉米对锰较为敏感。锰与植物的光合作用关系密切，能提高叶绿素的氧化还原反应，促进碳水化合物的同化，并能促进叶绿素形成。锰对玉米的氮素营养也有影响。

玉米缺锰，其症状是顺着叶片长出黄色斑点和条纹，最后黄色斑点穿孔，表示这部分组织被破坏而死亡。

（7）钼：钼是硝酸还原酶的组成成分。缺钼将减低硝酸还原酶的活性，妨碍氨基酸、蛋白质的合成，影响正常氮代谢。

玉米缺钼，植株幼嫩叶首先枯萎，随后沿其边缘枯死；有些老叶顶端枯死，继而叶边和叶脉之间发展枯斑甚至坏死。

（8）铜：铜是玉米植株内抗坏血酸氧化酶、多酚氧化酶等的成分，因而能促进代谢活动；铜与光合作用也有关系；铜又存在于叶绿体的质体蓝素中，它是光合作用电子供求关系体系的一员。

玉米缺铜，叶片缺绿，叶顶干枯，叶片弯曲、失去膨胀压，叶片向外翻卷。严重缺铜时，正在生长的新叶死亡。因铜能与有机质形成稳定性强的螯合物，所以高肥力地块易缺有效铜。

3. 玉米各生育期对三要素的需求规律 玉米苗期生长相对较慢，只要施足基肥，便可满足其需要；拔节以后至抽雄前，茎叶旺盛生长，内部的生殖器官同时也迅速分化发育，是玉米一生中养分需求最多的时期，必须供应足够的养分，才能达到穗大、粒多、高产的目的；生育后期，籽粒灌浆时间较长，仍需供应一定的肥、水，使之不早衰，确保灌浆充分。一般来讲，玉米有两个需肥关键时期，一是拔节至孕穗期；二是抽雄至开花期。玉米对肥料三要素的吸收规律为：

（1）氮素的吸收：玉米苗期至拔节期氮素吸收量占总氮量的 10.4%～12.3%，拔节期至抽丝初期氮吸收量占总氮量的 66.5%～73%，籽粒形成至成熟期氮的吸收量占总氮量的13.7%～23.1%。

随产量水平的提高，各生育阶段吸氮量相应增加，但各阶段吸氮量的增加量不同。如产量从667平方米432.7千克提高到了667平方米686千克，出苗至拔节期吸氮量约增加了1.22千克，拔节至吐丝期约增加了0.74千克，吐丝至成熟期则增加了3千克。随着产量水平的提高，玉米在各阶段吸氮量的比例在拔节至吐丝期减少，吐丝期至成熟期，这一阶段的吸氮比例明显增加，因此，提高玉米产量，在适量增加前、中期吸氮的基础上，重点增加吐丝后的吸氮量。

(2) 磷素的吸收：玉米苗期吸磷少，约占总磷量的1%，但相对含量高，是玉米需磷的敏感期；抽雄期吸磷达高峰，占总磷量的38.8%～46.7%；籽粒形成期吸收速度加快，乳熟至蜡熟期达最大值，成熟期吸收速度下降。

产量水平提高，各生育阶段吸磷量相应增加，但以吐丝至成熟阶段增加量为主，拔节至吐丝阶段其次。但随着产量水平的提高，各生育阶段吸磷量占一生总吸磷量的比例前期略有增加，中期有所下降，后期变化不大。表明提高玉米产量，在增加前期吸磷的基础上，重点增加中后阶段特别是花后阶段的吸磷量。

(3) 钾素的吸收：玉米钾素的吸收累计量在展三叶期仅占总量的2%，拔节后增至40%～50%，抽雄吐丝期达总量的80%～90%，籽粒形成期钾的吸收处于停止状态。由于钾的外渗、淋失，成熟期钾的总量有降低的趋势。

随着产量水平的提高，各生育阶段吸钾量相应增加，但以拔节至吐丝阶段吸钾量增加最大，吐丝至成熟阶段其次，出苗至拔节阶段吸钾量增加量最少。因此，提高玉米产量，应重视各生育阶段，尤其是拔节至吐丝阶段群体的吸钾量。

（二）高产栽培配套技术

1. 品种选择和处理　选用河曲县常年种植面积较大的郑单958、先玉335、忻玉110作为骨干品种。种子质量要达到国家一级标准，播前须进行包衣处理，以控制地老虎、蛴螬、蝼蛄等地下害虫，丝黑穗病、瘤黑粉病等病害的危害。

2. 秸秆还田，培肥地力　玉米收获后，及时将秸秆粉碎翻压还田，培肥地力。

3. 实行机械播种，地膜覆盖　5月中上旬，用玉米铺膜播种机进行播种，亩播量为2～2.5千克，一米一带，一带一膜，一膜双行，大行距60厘米，小行距40厘米，株距40厘米，亩保苗3 000株，播期不能太晚，确保苗全、苗齐、苗匀。

4. 病虫草害综合防治　河曲县玉米生产中常见和多发的有害生物有玉米蚜、红蜘蛛、玉米螟、地老虎、蛴螬、蝼蛄、丝黑穗病、瘤黑粉病、粗缩病、杂草等。其防治的基本策略是：播种前清洁田园，压低病虫草基数；播种时选用抗、耐病（虫）品种并且选用包衣种子，杜绝种子带菌，消灭苗期病虫害。一旦发生病虫危害及时对症选用农药防治。大喇叭口期每亩用1.5%辛硫磷颗粒剂0.25千克掺细沙7.5千克，混匀后撒入心叶防治玉米螟，每株用量约1.5g；7月下旬后如有红蜘蛛发生，可用阿维菌素进行防治。在玉米7～8叶期，用20%百草枯水剂100～150毫升/亩对水60～80千克进行定向喷雾防除杂草。

5. 水分及其他管理　水浇地玉米水分管理应重点浇好拔节水、抽雄开花水和灌浆水，出苗水和大喇叭口水应视天气和田间土壤水分情况灵活掌握。

大喇叭口期应喷施玉米健壮素一次，以控高促壮，提高光合效率，增加经济产量。

玉米生长后期严禁打老叶和削顶促熟，可采用站秆扒皮促熟技术。

6. 适时收获、增粒重、促高产 玉米在适时播种前提下，还须实行适当晚收，以争取较高的粒重和产量，一般情况下应在蜡熟后期收获。

（三）玉米施肥技术

1. 氮素的管理

$$总量控制：施氮量（千克/亩）=\frac{单位产量需氮量\times目前产量/100-土测值\times0.15\times校正系数}{0.4}$$

目标产量：根据河曲县近年来的实际，按低、中、高3个肥力等级，目标产量设置为400千克/亩、600千克/亩、800千克/亩。

单位产量吸氮量：按有关资料100千克籽粒需氮2.57千克计算。

施肥时期及用量：要求分两次施入，第一次在播种时作基肥施入总量的60%，第二次在大喇叭口期施入总量的40%。

2. 磷、钾的管理 按每生产100千克玉米籽粒需 P_2O_5 0.86千克，需 K_2O 2.14千克。目标产量为600千克/亩时，亩玉米吸磷量为600×0.86/100=5.16（千克），其中约75%的籽粒带走。当耕地土壤有效磷低于15毫克/千克时，磷肥的管理目标是通过增施磷肥提高作物产量和土壤有效磷含量，磷肥施用量为作物带走量的1.5倍，施磷量（千克/亩）=5.16千克/亩×75%×1.5；当耕地土壤有效磷为15～25毫克/千克时，磷肥的管理目标是维持现有土壤有效磷水平，磷肥用量等于作物带走量，磷肥量=5.16/亩×75%；当耕地土壤有效磷高于25毫克/千克时，施磷的增产潜力不大，每亩只适当补充1～2千克 P_2O_5 即可。

目标产量为600千克/亩时，亩玉米吸钾量为600×2.14/100=12.84（千克），其中约27%被籽粒带走。当耕地土壤速效钾低于100毫克/千克时，钾肥的管理目标是通过增施钾肥提高作物产量和土壤速效钾含量，钾肥施用量为作物带走量的1.5倍，亩施钾量为12.84×27%×1.5；当耕地土壤速效钾在100～150毫克/千克时，钾肥的管理目标是维持现有土壤速效钾水平，钾肥施用量等于作物的带走量，亩施钾量为：12.84×27%；当耕地土壤速效钾在150毫克/千克以上时，施钾肥的增产潜力不大，一般地块可不施钾肥。

3. 不同地力等级氮、磷、钾肥施用量（表7-14）

表7-14 河曲县玉米测土施肥施肥量表

单位：千克/亩

目前产量（千克）	耕地地力等级	氮（N）			磷（P_2O_5）			钾（K_2O）		
		低	中	高	低	中	高	低	中	高
300	5～6	8.5	7	5	3	2	0	0	0	0
350	4～5	9	8.5	5.5	3.5	2.3	0	3	2	0
400	3～4	10	9	6	4	2.6	1	3	2.3	0
450	3～4	11	10	7	4.5	3	1.5	3	2.6	0
500	2～3	12	11	8	5	3.3	2	4	2.9	0
550	2～3	14	12	9	6	3.6	2	4	3.2	1
600	1～2	16	14	11	8	3.9	2	5	3.5	1.5
700	1～2	20	17	14	10	6	5	6	4	2
800	1	22	18	16	12	9	7	8	5	3

4. 微肥用量的确定　河曲县土壤多数缺锌，另外又由于土壤有效锌与有效磷呈反比关系，故锌肥的施用量为土壤有效磷较高时，亩施硫酸锌 1.5～2 千克；土壤有效磷为中时，亩施硫酸锌 1～1.5 千克；土壤有效磷为低时，亩用 0.2%的硫酸锌溶液在苗期连喷 2～3次。

第八章　耕地地力调查与质量评价的应用研究

第一节　耕地资源合理配置研究

一、耕地数量平衡与人口发展配置研究

河曲县人多地少，耕地后备资源不足。2010 年有耕地 62.533 万亩，人口数量达 14.56 万人，人均耕地仅为 4.27 亩。从耕地保护形势看，由于全县农业内部产业结构调整，退耕还林，山庄撂荒、公路、乡镇企业基础设施等非农建设占用耕地，导致耕地面积逐年减少，由 2000 年的 71.4 万亩下降到 2010 年的 62.533 万亩，而人口却由 2000 年的 13.58 万人增加到 2010 年的 14.65 万人，人地矛盾将出现严重危机。从河曲县人民的生存和全县经济可持续发展的高度出发，采取措施，实现全县耕地总量动态平衡刻不容缓。

实际上，河曲县扩大耕地总量仍有很大潜力，只要合理安排，科学规划，集约利用，就完全可以兼顾耕地与建设用地的要求，实现社会经济的全面、持续发展；从控制人口增长，村级内部改造和居民点调整，退宅还田，开发复垦土地后备资源和废弃地等方面着手增大耕地面积。

二、耕地地力与粮食生产能力分析

(一) 耕地粮食生产能力

耕地生产能力是决定粮食产量的决定因素之一。近年来，由于种植结构调整和建设用地，退耕还林、还草等因素的影响，粮食播种面积在不断减少，而人口在不断增加，对粮食的需求量也在增加。保证全县粮食需求，挖掘耕地生产潜力已成为农业生产中的大事。

耕地的生产能力是由土壤本身肥力作用所决定的，其生产能力分为现实生产能力和潜在生产能力。

1. 现实生产能力　河曲县现有耕地面积为 62.533 万亩（包括已退耕还林及园林面积），而中低产田就有 58 万亩之多，占总耕地面积的 92.755%，而且大部分为旱地。这必然造成全县现实生产能力偏低的现状。再加之农民对施肥，特别是有机肥的忽视，以及耕作管理措施的粗放，这都是造成耕地现实生产能力不高的原因。2009 年，全县粮食播种面积为 31.44 万亩，粮食总产量为 5.317 1 万吨，亩产约 169.1 千克；油料作物播种面积为 6.78 万亩，总产量为 60 451 吨，亩产约 89.2 千克/亩，蔬菜面积为 1.19 万亩，总

产量为 4.35 万吨，亩产为 3 655 千克（表 8－1）。

表 8－1　河曲县 2009 年粮食油料蔬菜产量统计

	总产量（万吨）	平均单产（千克）
粮食总产量	5.3171	169.1
谷子	0.45	130.4
玉米	2.77	259.8
豆类	0.3	63.7
糜黍	0.766	144.7
油料	6 044.8	89.2
蔬菜	4.35	3 655

目前，河曲县土壤有机质含量平均为 8.1 克/千克，全氮平均含量为 0.436 克/千克，有效磷平均含量为 9.547 毫克/千克，速效钾平均含量为 97.77 毫克/千克。

河曲县耕地总面积 62.533 万亩（包括退耕还林及园林面积），其中水浇地 4.5 万亩，占耕地总面积的 7.2%；旱地 58.033 万亩，占耕地总面积的 92.8%；中低产田 58 万亩，占耕地总面积的 92.755%。

2. 潜在生产能力　生产潜力是指在正常的社会秩序和经济秩序下所能达到的最大产量。从历史的角度和长期的利益来看，耕地的生产潜力是比粮食产量更为重要的粮食安全因素。

河曲县是山西省较小的农业县，土地资源较为丰富，土质较好，光热资源充足。在全县现有耕地中，一级、二级、三级地面积为 157 181.361 亩，占总耕地面积的 25.14%，其亩产小于 600 千克；低于四级，即亩产量大于 300 千克的耕地占耕地面积的 37.62%。经过对全县地力等级的评价得出，62.533 万亩耕地以全部种植粮食作物计，其粮食最大生产能力为 24 725.3 万千克，平均单产可达 395.4 千克/亩，全县耕地仍有很大生产潜力可挖。

纵观河曲县近年来的粮食、油料作物、蔬菜的平均亩产量和全县农民对耕地的经营状况，全县耕地还有巨大的生产潜力可挖。如果在农业生产中加大有机肥的投入，采取平衡施肥措施和科学合理的耕作技术，全县耕地的生产能力还可以提高。从近几年全县对马铃薯、玉米平衡施肥观察点经济效益的对比来看，平衡施肥区较习惯施肥区的增产率都在 20%左右，甚至更高。如果能进一步提高农业投入比重，提高劳动者素质，下大力气加强农业基础建设，特别是农田水利建设，稳步提高耕地综合生产能力和产出能力，实现农林牧的结合就能增加农民经济收入。

（二）不同时期人口、食品构成粮食需求分析预测

农业是国民经济的基础，粮食是关系国计民生和国家自立与安全的特殊产品。从新中国成立初期到现在，河曲县人口数量、食品构成和粮食需求都在发生着巨大变化。新中国

成立初期居民食品构成主要以粮食为主，也有少量的肉类食品，水果、蔬菜的比重很小。随着社会进步、生产的发展，人民生活水平逐步提高。到20世纪80年代初，居民食品构成依然以粮食为主，但肉类、禽类、油料、水果、蔬菜等的比重均有了较大提高。到2009年，全县人口增至14.55万人，居民食品构成中，粮食所占比重明显下降，肉类、禽蛋、水产品、制品、油料、水果、蔬菜、食糖却都占有相当比重。

河曲县粮食人均需求按国际通用粮食安全400千克计，全县人口自然增长率以7%计，到2010年，共有人口14.65万人，全县粮食需求总量预计将达5.86万吨。因此，人口的增加对粮食的需求产生了极大的影响，也造成了一定的危险。

河曲县粮食生产还存在着巨大的增长潜力。随着资本、技术、劳动投入、政策、制度等条件的逐步完善，全县粮食的产出与需求平衡，终将成为现实。

（三）粮食安全警戒线

粮食是人类生存和社会发展最重要的产品，是具有战略意义的特殊商品，粮食安全不仅是国民经济持续健康发展的基础，也是社会安定、国家安全的重要组成部分。2010年世界粮食危机已给一些国家经济发展和社会安定造成一定不良影响，近年来，随着农资价格上涨，种粮效益低等因素影响，农民种粮积极性不高，全县粮食单产徘徊不前，所以必须对全县的粮食安全问题给予高度重视。

2009年，河曲县的人均粮食占有量为365.45千克，而当前国际公认的粮食安全警戒线标准为年人均400千克。相比之下，两者的差距值得引起重视。

三、耕地资源合理配置意见

在确保粮食生产安全的前提下，优化耕地资源利用结构，合理配置其他作物占地比例。为确保粮食安全需要，对河曲县耕地资源进行如下配置：全县现有62.533万亩耕地中，其中40万亩用于种植粮食，以满足全县人口粮食需求，其余22.533万亩耕地用于蔬菜、水果、干鲜果、中药材、油料等作物生产。其中瓜菜地3万亩，占用耕地面积4.8%；药材占地0.5万亩，占用0.8%；水果占地5万亩，占用8%；干鲜果占地5万亩，占用8%；油料占地7万亩，占用11.2%；其他作物占地2.033万亩。

根据《土地管理法》和《基本农田保护条例》划定河曲县基本农田保护区，将水利条件、土壤肥力条件好，自然生态条件适宜的耕地划为口粮和国家商品粮生产基地，长期不许占用。在耕地资源利用上，必须坚持基本农田总量平衡的原则。一是建立完善的基本农田保护制度，用法律保护耕地；二是明确各级政府在基本农田保护中的责任，严控占用保护区内耕地，严格控制城乡建设用地；三是实行基本农田损失补偿制度，实行谁占用、谁补偿的原则；四是建立监督检查制度，严厉打击无证经营和乱占耕地的单位和个人；五是建立基本农田保护基金，县政府每年投入一定资金用于基本农田建设，大力挖潜存量土地；六是合理调整用地结构，用市场经营利益导向调控耕地。

同时，在耕地资源配置上，要以粮食生产安全为前提，以农业增效、农民增收为目标，逐步提高耕地质量，调整种植业结构推广优质农产品，应用优质高效，生态安全栽培技术，提高耕地利用率。

第二节　耕地地力建设与土壤改良利用对策

一、耕地地力现状及特点

耕地质量包括耕地地力和土壤环境质量两个方面，本次调查与评价共涉及耕地土壤点位 5 800 个，果园点位 105 个，经过两年的调查分析，基本查清了河曲县耕地地力现状与特点。

通过对河曲县土壤养分含量的分析得知：全县土壤以壤质土为主，有机质平均含量为 8.1 克/千克，属省五级水平；全氮平均含量为 0.436 克/千克，属省六级水平；有效磷含量平均为 9.547 毫克/千克，属省五级水平；速效钾含量为 97.77 毫克/千克，属省五级水平。中微量元素养分含量锌、锰、铜、铁较高，属于四级，硫、硼属省五级水平；有效钼含量较低，属省六级水平。

（一）耕地土壤养分含量不断提高

从本次调查结果看，河曲县耕地土壤有机质含量为 8.1 克/千克，属省五级水平，与第二次土壤普查的 5.62 克/千克相比提高了 2.48 克/千克；全氮平均含量为 0.436 克/千克，属省六级水平，与第二次土壤普查的 0.4 克/千克相比提高了 0.04 克/千克；有效磷平均含量 9.55 毫克/千克，属省五级水平，与第二次土壤普查的 5.06 毫克/千克相比提高了 4.49 毫克/千克；速效钾平均含量为 97.77 毫克/千克，属省五级水平，与第二次土壤普查的平均含量 120 毫克/千克相比下降了 22.23 毫克/千克。中微量元素养分含量锌、锰、铜、铁较高，属省四级水平；硫、硼属省五级水平；有效钼含量较低，属省六级水平。

（二）平川耕地面积较小，但土壤质地好

据调查，河曲县 7.2%的耕地为平川水浇地，主要分布在黄河沿岸一级、二级阶地，其地势平坦，土层深厚，其中大部分耕地坡度小于 3°，十分有利于现代化农业的发展。

（三）耕作历史悠久，土壤熟化度高

据史料记载，清顺治时代河曲县就已是农业区域。农业历史悠久，土质良好，加以多年的耕作培肥，土壤熟化程度高。据调查，有效土层厚度平均达 200 厘米以上，耕层厚度为 18～25厘米，适种作物广，生产水平较高。

二、存在主要问题及原因分析

（一）中低产田面积较大

据调查，河曲县共有中低产田面积为 58 万亩，占耕地总面积的 92.8%。按主导障碍因素，共分为沙化耕地型、坡地梯改型、干旱灌溉型和瘠薄培肥型四大类型。其中，坡地梯改型 13.30 万亩，占耕地总面积的 21.27%；干旱灌溉型 8.4 万亩，占耕总面积的 13.43%；瘠薄培肥型 30.94 万亩，占耕地总面积的 49.47%；沙化耕地型 5.4 万亩，占耕地总面积的 8.58%。

中低产田面积大、类型多。主要原因：一是自然条件恶劣，河曲县地形复杂，山、川、沟、垣、壑俱全，水土流失严重；二是农田基本建设投入不足，中低产田改造措施不力；三是农民耕地施肥投入不足，尤其是有机肥施用量仍处于较低水平。

（二）耕地地力不足，耕地生产率低

河曲县耕地虽然经过排、灌、路、林综合治理，农田生态环境不断改善，耕地单产、总产呈现上升趋势。但近年来，农业生产资料价格一再上涨，农业成本较高，甚至出现种粮赔本现象，大大挫伤了农民种粮的积极性。一些农民通过增施氮肥取得产量，耕作粗放，结果致使土壤结构变差，造成土壤养分恶性循环。

（三）施肥结构不合理

作物每年从土壤中带走大量养分，主要是通过施肥来补充，因此，施肥直接影响到土壤中各种养分的含量。近几年在施肥上存在的问题，突出表现在“三重三轻”。第一，重特色产业，轻普通作物。第二，重复混肥料，轻专用肥料。随着我国化肥市场的快速发展，复混（合）肥异军突起，其应用对土壤养分的变化也有影响，许多复混（合）肥杂而不专，农民对其依赖性较大，而对于自己所种作物需什么肥料，土壤缺什么元素，底子不清，导致盲目施肥。第三，重化肥使用，轻有机肥使用。近年来，农民将大部分有机肥施于菜田，特别是优质有机肥，而占很大比重的耕地有机肥却施用不足。

三、耕地培肥与改良利用对策

（一）多种渠道提高土壤肥力

1. 增施有机肥，提高土壤有机质　近年来，由于农家肥来源不足和化肥的发展，河曲县耕地有机肥施用量不够。可以通过以下措施加以解决。一是广种饲草，增加畜禽，以牧养农；二是大力种植绿肥，种植绿肥是培肥地力的有效措施，可以采用粮肥间作或轮作制度；三是大力推广秸秆还田，这是目前增加土壤有机质最有效的方法。

2. 合理轮作，挖掘土壤潜力　不同作物需求养分的种类和数量不同，根系深浅不同，吸收各层土壤养分的能力不同，各种作物遗留残体成分也有较大差异。因此，通过不同作物合理轮作倒茬，保障土壤养分平衡。要大力推广粮、棉轮作，粮、油轮作，玉米、大豆立体间套作，小麦、大豆轮作等技术模式，实现土壤养分协调利用。

（二）巧施氮肥

速效性氮肥极易分解，通常施入土壤中的氮素化肥的利用率只有25%～50%，或者更低。这说明施入土壤中的氮素，挥发、渗漏损失严重。所以在施用氮肥时一定注意施肥量施肥方法和施肥时期，提高氮肥利用率，减少损失。

（三）重施磷肥

河曲县地处黄土高原，属石灰性土壤，土壤中的磷常被固定，而不能发挥肥效。加上长期以来群众重氮轻磷，作物吸收的磷得不到及时补充。试验证明，在缺磷土壤上增施磷肥增产效果明显，可以增施人粪尿、畜禽肥等有机肥，其中的有机酸和腐殖酸可促进非水溶性磷的溶解，提高磷素的活性。

（四）因地施用钾肥

河曲县土壤中钾的含量比第二次土壤普查降低了 22.23 毫克/千克，对现有低产农田虽然在短期内不会成为限制农业生产的主要因素，但随着农业生产进一步发展和作物产量的不断提高，土壤中有效钾的含量也会处于不足状态，所以在生产中，定期监测土壤中钾的动态变化，及时补充钾素。

（五）重视施用微肥

微量元素肥料，作物的需要量虽然很少，但对提高产品产量和品质却有大量元素不可替代的作用。据调查，全县土壤硼、钼、硫等含量均不高，近年来玉米施锌试验，增产效果比较明显。

（六）因地制宜，改良中低产田

河曲县中低产田面积很大，影响了耕地地力水平。因此，要从实际出发，分类配套改良技术措施，进一步提高全县耕地地力质量。

四、成果应用与典型事例

典型一：河曲县土沟乡榆立洼村中低产田改造综合技术应用

土沟乡榆立洼村位于县城东南部。全村 50 户，220 口人，总耕地 2 050 亩，全部为旱地。土壤为淡栗褐土，以种植玉米、糜谷、马铃薯、大豆为主。近年来，坚持不懈地进行中低产田改造，综合推广农业实用新技术，农业基础设施大大改善，耕地地力和农业综合生产能力明显提高，产量逐年增大，在干旱缺水的黄土丘陵地带，改良出了千斤田、千元田。

第一，把 1 500 余亩坡耕地改造成了高标准的水平梯田，变“三跑田”为“三保田”，并且高标准修筑土地埂，配套 4 米宽田间机耕道路；填沟造地 450 亩，修建旱垣温室 30 亩。第二，实行机械深耕 30 厘米，增加耕作层厚度。第三，对新修梯田增施土壤改良剂（硫酸亚铁）每亩 50 千克。第四，每亩增施农家肥 2 000 千克。第五，实行玉米秸秆粉碎翻压还田。第六，新建骨干淤地坝 2 座，可淤地 100 余亩。第七，增施精制有机肥每亩 100 千克。第八，实施测土配方施肥技术。第九，实施化肥深施技术，提高化肥利用率。第十，应用抗旱保水剂。2010 年化验结果，全村耕地土壤有机质含量平均为 7.34 克/千克，全氮含量平均为 0.58 克/千克，有效磷含量平均为 8.24 毫克/千克，速效钾含量平均为 98.6 毫克/千克。均较 1984 年第二次土壤普查有所较大提高。2010 年谷子播种 700 亩，亩均产量 400 千克，亩产值 1 360 元，亩纯收入达 1 000 元；马铃薯播种 500 亩，亩均产量 1 300 千克，亩产值 2 600 元。

典型二：河曲县文笔镇焦尾城村巨峰葡萄无公害标准化生产技术应用

焦尾城村位于河曲县城北部的黄河岸边，是河曲县葡萄的主产区。人口 1 803 人，676 户；耕地 3 825 亩，土壤为潮土，质地轻壤，肥力中等；土壤有机质平均值为 8.23 克/千克，全氮平均值为 0.62 克/千克，有效磷平均值为 9.4 毫克/千克，速效钾平均值为 112 毫克/千克，海拔 850 米左右，适宜葡萄生长。现有葡萄 1 300 亩，2009 年葡萄产量达到 260 万千克，出售鲜葡萄 180 万千克，收入 270 万元，人均 1 500 元。村民合作建储藏保鲜库 500 平方米，可储藏 80 万千克，比售鲜葡萄每千克增值 3～4 元，通过储藏保鲜实现了葡萄的增值增收，2009 年来源于葡萄的人均纯收入达到 2 830 元。葡萄真正成为了焦尾城村民脱贫致富的主导产业。

葡萄在焦尾城有着悠久的栽培历史，但真正兴起是在 20 世纪 90 年代以后。20 世纪 90 年代以来在河曲县委、县政府大力调整产业结构的号召下，发挥区域优势，大力发展传统特色的葡萄产业，积极推广无公害、绿色葡萄生产技术，才有了今天的好局面。近年来，果农严格按照《绿色食品生产技术操作规程》组织生产。2009 年积极准备申请县农业局新型农民科技培训办公室经常对骨干果农进行葡萄无公害、绿色食品标准化生产技术培训，取得了良好的效果。河曲县阳光培训办公室数次对葡萄种植、储藏的从业人员进行职业技能培训，使每户村民熟练掌握了所从事的工作技能。相信，随着无公害、绿色农产品基地生产的不断发展，焦尾城的葡萄产业一定会更好地发展下去。

第三节　农业结构调整与适宜性种植

近些年来，河曲县农业的发展和产业结构调整工作取得了突出的成绩，但干旱胁迫严重，土壤肥力有所减退，抗灾能力薄弱，生产结构不良等问题，仍然十分严重。因此为适应 21 世纪我国农业发展的需要，增强河曲县优势农产品参与国际市场竞争的能力，有必要进一步对全县的农业结构现状进行战略性调整，从而促进全县高效农业的发展，实现农民增收。

一、农业结构调整的原则

为适应我国社会主义农业现代化的需要，在调整种植业结构中，遵循下列原则：

一是以国际农产品市场接轨，以增强河曲县农产品在国际、国内经济贸易的竞争力为原则。

二是以充分利用不同区域的生产条件、技术装备水平及经济基地条件，达到趋利避害，发挥优势的调整原则。

三是以充分利用耕地评价成果，正确处理作物与土壤间、作物与作物间的合理调整为原则。

四是采用耕地资源管理信息系统，为区域结构调整的可行性提供宏观决策与技术服务的原则。

五是保持行政村界线的基本完整的原则。

根据以上原则，在今后一段时间内将紧紧围绕农业增效、农民增收这个目标，大力推进农业结构战略性调整，最终提升农产品的市场竞争力，促进农业生产向区域化、优质化、产业化发展。

二、农业结构调整的依据

通过本次对河曲县种植业布局现状的调查、综合验证，认识到目前的种植业布局还存在许多问题，需要在区域内部加大调整力度，进一步提高生产力和经济效益。

根据本次耕地质量的评价结果，安排河曲县的种植业内部结构调整，应依据不同地貌类型耕地综合生产能力和土壤环境质量两方面的综合考虑。具体为：

一是按照三大不同地貌类型，因地制宜规划，在布局上做到宜农则农，宜林则林，宜牧则牧。

二是按照耕地地力评价出一级至六级耕地的标准，在各个地貌单元中所代表面积的数值衡量，以适宜作物发挥最大生产潜力来分布，做到高产、高效作物分布在一级至二级耕地为宜，中低产田应在改良中调整。

三是按照土壤环境的污染状况，在面源污染、点源污染等影响土壤健康的障碍因素中，以污染物质及污染程度确定，做到该退则退，该治理的采取消除污染源及土壤降解措施，达到无公害、绿色产品的种植要求，来考虑作物种类的布局。

三、土壤适宜性及主要限制因素分析

河曲县土壤因成土母质不同，土壤质地也不一致，发育在黄土及黄土状母质上的土壤质地多是较轻而均匀的壤质土，心土及底土层为黏土。总的来说，河曲县的土壤大多为壤质，沙黏含量比较适合，在农业上是一种质地理想的土壤，其性质兼有沙土和黏土之优点，而克服了沙土和黏土之缺点。它既有一定数量的大孔隙，还有较多的毛管孔隙，故通透性好，保水、保肥性强，耕性好，宜耕期长，好抓苗，发小又养老。

因此，综合以上土壤特性，河曲县土壤适宜性强，玉米、马铃薯、糜黍、谷子、大豆等粮食作物及经济作物，如蔬菜、西瓜、药材、干鲜果、葡萄、红枣等都适宜在本县种植。

但种植业的布局除了受土壤质地作用外，还要受到地理位置、水分条件等自然因素和经济条件的限制。在山地、丘陵等地区，由于此地区沟壑纵横，土壤肥力较低，土壤较干旱，气候凉爽，农业经济条件也较为落后，因此要在管理好现有耕地的基础上，将智力、资金和技术逐步转移到非耕地的开发上，大力发展林、牧业，建立农、林、牧结合的生态体系，使其成林、牧产品生产基地。在平川地区由于土地平坦，水源较丰富，是本县土壤肥力较高的区域，同时其经济条件及农业现代化水平也较高，故应充分利用地理、经济、技术优势，在不放松粮食生产的前提下，积极开展多种经营，实行粮、菜、瓜、果全面发展。

在种植业的布局中，必须充分考虑到各地的自然条件、经济条件，合理利用自然资源，对布局中遇到的各种限制因素，应考虑到它影响的范围和改造的可行性，合理布局生产，最大限度地、持久地发掘自然的生产潜力，做到地尽其力。

四、种植业布局分区建议

根据河曲县种植业布局分区的原则和依据，结合本次耕地地力调查与质量评价结果，将河曲县划分为三大种植区，分区概述：

（一）黄河沿岸一级阶地及河漫滩粮、菜、瓜果区

该区位于黄河沿岸一级阶地及河漫滩，包括文笔镇、楼子营镇、巡镇镇沿黄河 28 个村庄，区域耕地面积 106 450 亩。

1. 区域特点 本区地处黄河一级阶地及河漫滩，海拔较低，优势平坦，土壤肥沃，水土流失轻微，地下水位较浅，水源比较充足，属井河两灌区，水利设施好，园田化水平高，交通便利，农业生产条件优越。年平均气温 8℃，年降水量 450 毫米，无霜期 156 天。气候温和，热量充足，农业生产水平较高，可一年两作。本区土壤耕性良好，适种性广，施肥水平较高；土壤为潮土和脱潮土 2 个亚类，是河曲县的粮、菜、瓜果区。

该区土壤有机质含量为 13.84 克/千克，碱解氮为 68.16 毫克/千克，有效磷为 19.93 毫克/千克，速效钾为 126.95 毫克/千克，锰、硼、铁微量元素含量相对偏低，均属省四级水平。

2. 种植业发展方向 该区以建设粮、果、瓜、菜四大基地为主攻方向。大力发展一年两作高产高效粮田，扩大蔬菜面积和瓜果面积，适当发展葡萄、桃等水果。在现有基础上优化结构，建立无公害生产基地。

3. 主要保障

（1）加大土壤培肥力度，全面推广多种形式秸秆还田，以增加土壤有机质，改良土壤理化性状。

（2）注重作物合理轮作，坚决杜绝连茬多年的习惯。

（3）全力以赴搞好基地建设，通过标准化建设、模式化管理、无害化生产技术应用，使基地取得明显的经济效益和社会效益。

（二）半山丘陵粮、果、杂粮区

该区分布于河曲县半山丘陵区，半山地带刘家塔、鹿固、沙坪、旧县、社梁、平川区没有水浇条件的村和半山高山交替边缘村庄，海拔 900～1 400 米，耕地面积 24.78 万亩。

1. 区域特点 该区年平均气温 8.5℃左右，年降水量 410 毫米左右；大部分为旱地，但土质较好。该区属贫水区，且埋置深，不易开采，土壤以黄土质褐土性土为主。

该区耕地有机质含量为 7.41 克/千克，碱解氮为 52.13 克/千克，有效磷为 8.5 毫克/千克，速效钾为 94.55 毫克/千克，土壤微量元素，钼含量平均值属省六级水平，铜锌锰均属省四级水平，硼属省五级水平，铁含量属省四级水平。

2. 种植业发展方向 该区宜以玉米、马铃薯、糜谷生产为主，适当发展杂豆、杂粮，走有机旱作之路，同时宜发展杏、核桃、海红等干果及杂果。

3. 主要保障措施

(1) 进一步抓好平田整地，整修梯田，建好“三保田”。

(2) 千方百计增施有机肥，搞好测土配方施肥，增加微肥的施用。

(3) 积极推广旱作技术和高产综合技术，提高科技含量。

(三) 高山杂粮、油、牧区

该区海拔是 1 400 米以上的山区，包括土沟、前川、单寨、沙泉、赵家沟 5 个乡（镇）的绝大部分村庄，耕地面积 271 080 亩。

1. 区域特点　山势平缓，谷地开阔，部分土体较厚，覆盖较好，有的地方土层薄，一般 40～50 厘米。普遍养分含量低，降水少，土体较为干旱。土壤多为褐土性土，母质为岩石风化残积、坡积和黄土物质。

该区耕地有机质含量为 7.78 克/千克，碱解氮为 48.44 克/千克，有效磷为 8.68 毫克/千克，速效钾为 95.75 毫克/千克，微量元素含量平均值，锰、铁、硼、锌均属省五级水平，偏低。

2. 种植业发展方向　光照充足，昼夜温差大，可以种植马铃薯、糜、谷类及小杂粮，油料以胡麻、黄芥为主，同时还可以发展一些中药材。要合理规划，宜林则林，宜牧则牧，充分利用资源，提高农民收入。

3. 主要保障措施

(1) 减少水土流失，优化生态环境，注重推广蓄雨纳墒技术。

(2) 增施有机肥，提高土壤肥力。

(3) 选用抗旱良种，采用配套栽培措施，提高农作物产量和品质。

五、农业远景发展规划

河曲县农业的发展，应进一步调整和优化农业结构，全面提高农产品品质和经济效益，建立和完善全县耕地质量管理信息系统，随时服务布局调整，从而有力促进全县农村经济的快速发展。现根据各地的自然生态条件、社会经济技术条件，特提出今后发展方向。

一是河曲县粮食占有耕地约 40 万亩，复种指数达到 1.1，集中建立 15 万亩国家优质小玉米生产基地、10 万亩马铃薯生产基地、10 万亩的杂豆生产基地、糜谷生产基地 5 万亩。

二是稳步发展优质花生生产，占用耕地 1 万～2 万亩。

三是实施无公害生产基地，到 2020 年优质西甜瓜、番茄、黄瓜、甘蓝等蔬菜基地发展到 2 万～3 万亩；优质杏、枣、葡萄、核桃等果业发展到 8 万亩；全面推广绿色蔬菜、果品生产操作规程，配套建设 1～2 个储藏、包装、加工、质量检测、信息等设施完备的果品批发市场。

四是集中精力发展牧草养殖业，重点发展圈养牛、羊，力争发展牧草 3 万亩。

综上所述，河曲县面临的任务是艰巨的，困难也是很大的，所以要下大力气克服困难，努力实现既定目标。

第四节　耕地质量管理对策

耕地地力调查与质量评价成果为河曲县耕地质量管理提供了依据，耕地质量管理决策的制定，成为全县农业可持续发展的核心内容。

一、建立依法管理体制

（一）工作思路

以发展优质高效、生态、安全农业为目标，以耕地质量动态监测管理为核心，以土壤地力改良利用为重点，通过农业种植业结构调查，合理配置现有农业用地，逐步提高耕地地力水平，满足人民日益增长的农产品需求。

（二）建立完善的行政管理机制

1. 制定总体规划　坚持“因地制宜、统筹兼顾，局部调整、挖掘潜力”的原则，制定河曲县耕地地力建设与土壤改良利用总体规划，实行耕地用养结合，划定中低产田改良利用范围和重点，分区制定改良措施，严格统一组织实施。

2. 建立以法保障体系　制定并颁布《河曲县耕地质量管理办法》，设立专门监测管理机构，县、乡、村三级设定专人监督指导，分区布点，建立监控档案，依法检查污染区域项目治理工作，确保工作高效到位。

3. 加大资金投入　县政府要加大资金支持，县财政每年从农发资金中列支专项资金，用于河曲县中低产田改造和耕地污染区域综合治理，建立财政支持下的耕地质量信息网络，推进工作有效开展。

（三）强化耕地质量技术实施

1. 提高土壤肥力　组织县、乡农业技术人员实地指导，组织农户合理轮作，平衡施肥，安全施药、施肥，推广秸秆还田、种植绿肥、施用生物菌肥，多种途径提高土壤肥力，降低土壤污染，提高土壤质量。

2. 改良中低产田　实行分区改良，重点突破。灌溉改良区重点抓好灌溉配套设施的改造、节水浇灌、挖潜增灌、引黄扩灌、扩大浇水面积；丘陵、山区中低产区要广辟肥源，深耕保墒，轮作倒茬，粮草间作，扩大植被覆盖率，修整梯田，达到增产增效目标。

二、建立和完善耕地质量监测网络

随着河曲县工业化进程的不断加快，工业污染日益严重，在重点工业生产区域建立耕地质量监测网络已迫在眉睫。

1. 设立组织机构　耕地质量监测网络建设，涉及环保、土地、水利、经贸、农业等多个部门，需要县政府协调支持，依法成立行政管理机构。

2. 配置监测机构　由县政府牵头，各职能部门参与，组建河曲县耕地质量监测领导组，在县环保局下设办公室，设定专职领导与工作人员，建立企业治污工程体系，制定工作细则和工作制度，强化监测手段，提高行政监测效能。

3. 加大宣传力度　采取多种途径和手段，加大《中华人民共和国环境保护法》宣传力度，在重点排污企业及周围乡村印刷宣传广告，大力宣传环境保护政策及科普知识。

4. 监测网络建立　河曲县依据本次耕地质量调查评价结果，划定安全、非污染、轻污染、中度污染、重污染五大区域，每个区域确定10～20个点，定人、定时、定点取样监测检验，填写污染情况登记表，建立耕地质量监测档案。对污染区域的污染源，要查清原因，由县耕地质量监测机构依据检测结果，强制企业污染限期、限时达标治理。对未能限期达标企业，一律实行关停整改，达标后方可生产。

5. 加强农业执法管理　由县农业、环保、质检行政部门组成联合执法队伍，宣传农业法律知识，对市场化肥、农药实行市场统一监控、统一发布，将假冒农用物资一律依法查封销毁。

6. 改进治污技术　对不同污染企业采取烟尘、污水、污渣分类科学处理转化。对工业污染河道及周围农田，采取有效物理、化学降解技术，降解铅、镉及其他重金属污染物，并在河道两岸50米栽植花草、林木、净化河水，美化环境；对化肥、农药污染农田，要划区治理，积极利用农业科研成果，组成科技攻关组，引试降解剂，逐步消解污染物。

7. 推广农业综合防治技术　在增施有机肥降解大田农药、化肥及垃圾废弃物污染的同时，积极宣传推广微生物菌肥，以改善土壤的理化性状，改变土壤溶液酸碱度，改善土壤团粒结构，减轻土壤板结，提高土壤保水、保肥性能。

三、农业税费政策与耕地质量管理

目前，农业税费改革政策的出台必将极大调整农民生产粮食积极性，成为耕地质量恢复与提高的内在动力，对河曲县耕地质量的提高具有以下几个作用：

1. 加大耕地投入，提高土壤肥力　目前，河曲县丘陵面积大，中低产田分布区域广，粮食生产能力较低。税费改革政策的落实有利于提高单位面积耕地养分投入水平，逐步改善土壤养分含量，改善土壤理化性状，提高土壤肥力，保障粮食产量恢复性增长。

2. 改进农业耕作技术，提高土壤生产性能　农民积极性的调动，成为耕地质量提高的内在动力，将促进农民平田整地，耙耱保墒，加强耕地机械化管理，缩减中低产田面积，提高耕地地力等级水平。

3. 采用先进农业技术，增加农业比较效益　采取有机旱作农业技术，合理优化适栽技术，加强田间管理，节本增效，提高农业比较效益。

农民以田为本，以田谋生，农业税费政策出台以后，土地属性发生变化，农民由有偿支配变为无偿使用，成为农民家庭财富的一部分，对农民增收和国家经济发展将起到积极的推动作用。

四、扩大无公害农产品生产规模

在国际农产品质量标准市场一体化的形势下，扩大河曲县无公害农产品生产，成为满足社会消费需求和农民增收的关键。

（一）理论依据

综合评价结果，河曲县耕地无污染，果园无污染，适合生产无公害农产品，适宜发展绿色农业生产。

（二）扩大生产规模

在河曲县发展绿色无公害农产品，扩大生产规模，要根据耕地地力调查与质量评价结果为依据，充分发挥区域比较优势，合理布局，规模调整。一是粮食生产上，在全县发展10万亩无公害优质马铃薯，15万亩无公害优质玉米和15万亩无公害糜谷、杂豆；二是在蔬菜生产上，发展无公害绿色蔬菜瓜类3万亩；三是在水果生产上，发展无公害水果5万亩，无公害干鲜果红枣核桃5万亩。无公害、绿色农产品认证20个。

（三）配套管理措施

1. 建立组织保障体系 设立河曲县无公害农产品生产领导组，下设办公室，地点在县农业局。组织实施项目列入县政府工作计划，单列工作经费，由县财政负责执行。

2. 加强质量检测体系建设 成立县级无公害农产品质量检验技术领导组，县、乡下设两级监测检验的网点，配备设备及人员，制定工作流程，强化监测检验手段，提高检测检验质量，及时指导生产基地技术推广工作。

3. 制定技术规程 组织技术人员建立河曲县无公害农产品生产技术操作规程，重点抓好平衡施肥，合理施用农药，细化技术环节，实现标准化生产。

4. 打造绿色品牌 重点打造好无公害绿色玉米、马铃薯、谷子、葡萄、海红红枣、瓜菜等农产品品牌。

五、加强农业综合技术培训

自20世纪80年代起，河曲县就建立起县、乡、村三级农业技术推广网络。县农业技术推广中心牵头，搞好技术项目的组织与实施，负责划区技术指导，行政村配备1名科技副村长，在全县设立农业科技示范户。先后开展了玉米、马铃薯、谷子、杂豆、水果、红枣、瓜菜等优质高产高效生产技术培训，推广了旱作农业、生物覆盖、地膜覆盖、双千创优工程及设施蔬菜“四位一体”综合配套技术。

现阶段，河曲县农业综合技术培训工作一直保持领先，有机旱作、测土配方施肥、节水灌溉、生态沼气、无公害蔬菜生产技术推广已取得明显成效。今后要充分利用这次耕地地力调查与质量评价，主抓以下几方面技术培训：一是宣传加强农业结构调整与耕地资源有效利用的目的及意义；二是全县中低产田改造和土壤改良相关技术推广；三是耕地地力环境质量建设与配套技术推广；四是绿色无公害农产品生产技术操作规程；五是农药、化肥安全施用技术培训；六是农业法律、法规、环境保护相关法律的宣传培训。

通过技术培训，使河曲县农民掌握必要的知识与生产实行技术，推动耕地地力建设，提高农业生态环境、耕地质量环境的保护意识，发挥主观能动性，不断提高全县耕地地力水平，以满足日益增长的人口和物资生活需求，为全面建设小康社会打好农业发展基础平台。

第五节　耕地资源管理信息系统的应用

耕地资源信息系统以一个县行政区域内耕地资源为管理对象，应用 GIS 技术，对辖区内的地形、地貌、土壤、土地利用、农田水利、土壤污染、农业生产基本情况、基本农田保护区等资料进行统一管理，构建耕地资源基础信息系统，并将其数据平台与各类管理模型结合，对辖区内的耕地资源进行系统的动态管理，为农业决策、农民和农业技术人员提供耕地质量动态变化规律、土壤适宜性、施肥咨询、作物营养诊断等多方位的信息服务。

本系统行政单元为村；农业单元为基本农田保护块；土壤单元为土种；系统基本管理单元为土壤、基本农田保护块、土地利用现状叠加所形成的评价单元。

一、领导决策依据

本次耕地地力调查与质量评价直接涉及耕地自然要素、环境要素、社会要素及经济要素 4 个方面，为耕地资源信息系统的建立与应用提供了依据。通过河曲县生产潜力评价、适宜性评价、土壤养分评价、科学施肥、经济性评价、地力评价及产量预测，及时指导农业生产的发展，为农业技术推广应用做好信息发布，为用户需求分析及信息反馈打好基础。主要依据：一是全县耕地地力水平和生产潜力评估为农业远期规划和全面建设小康社会提供了保障；二是耕地质量综合评价，为领导提供了耕地保护和污染修复的基本思路，为建立和完善耕地质量检测网络提供了方向；三是耕地土壤适宜性及主要限制因素分析为全县农业调整提供了依据。

二、动态资料更新

本次河曲县耕地地力调查与质量评价中，耕地土壤生产性能主要包括立地条件、地形部位、土体构型较稳定的物理性状、易变化的化学性状和农田基础建设 5 个方面。耕地地力评价标准体系与 1984 年土壤普查技术标准出现部分变化，耕地要素中基础数据有大量变化，为动态资料更新提供了新要求。

（一）耕地地力动态资源内容更新

1. 评价技术体系有较大变化　本次调查与评价主要运用了“3S”评价技术。在技术方法上，采用文字评述法、专家经验法、模糊综合评价法、层次分析法、指数和法；在技术流程上，应用了叠置法确定评价单元，空间数据与属性数据相连接，采用特尔菲法和模糊综合评价法，确定评价指标；应用层次分析法确定各评价因子隶属组合权重，用数据标准化计算各评价因子的隶属函数，并将数值进行标准化，应用了累加法计算每个评价单元的耕地力综合评价指数，分析综合地力指数，划分耕地地力等级，将评价的地方等级归入农业部地力等级体系。采取 GIS、GPS 系统编绘各种养分图和地力等级图等图件。

2. 评价内容有较大变化　除原有地形部位、土体构型等基础耕地地力要素相对稳定以外，土壤物理性状、易变化的化学性状、农田基础建设等要素变化较大，尤其是土壤容重、有机质、pH、有效磷、速效钾指数变化明显。

3. 增加了耕地质量综合评价体系 土样、水样化验检测结果为河曲县绿色、无公害农产品基地建立和发展提供了理论依据。图件资料的更新变化，为今后全县农业宏观调控提供了技术准备，空间数据库的建立为全县农业综合发展提供了数据支持，加速了全县农业信息化快速发展。

（二）动态资料更新措施

结合本次耕地地力调查与质量评价，河曲县及时成立技术指导组，确定专门技术人员，从土样采集、化验分析、数据资料整理编辑，电脑网络连接畅通，保证了动态资料更新及时、准确，提高了工作效率和质量。

三、耕地资源合理配置

（一）目的意义

多年来，河曲县耕地资源盲目利用，低效开发，重复建设情况十分严重。随着农业经济发展方向的不断延伸，农业结构调整缺乏借鉴技术和理论依据。本次耕地地力调查与质量评价成果对指导全县耕地资源合理配置，逐步优化耕地利用质量水平，对提高土地生产性能和产量水平具有现实意义。

河曲县耕地资源合理配置思路是：以确保粮食安全为前提，以耕地地力质量评价成果为依据，以统筹协调发展为目标，用养结合，因地制宜，内部挖潜，发挥耕地最大生产效益。

（二）主要措施

1. 加强组织管理，建立健全工作机制 县政府要组建耕地资源合理配置协调管理工作体系，由农业、土地、环保、水利、林业等职能部门分工负责，密切配合，协同作战。技术部门要抓好技术方案制定和技术宣传培训工作。

2. 加强农田环境质量检测，抓好布局规划 将企业列入耕地质量检测范围，企业要加大资金投入和技术改造，降低“三废”对周围耕地的污染，因地制宜大力发展绿色无公害农产品优势生产基地。

3. 加强耕地保养利用，提高耕地地力 依照耕地地力等级划分标准，划定河曲县耕地地力分布界限，推广平衡施肥技术，加强农田水利基础设施建设，平田整地，淤地打坝，中低产田改良，植树造林，扩大植被覆盖面，防止水土流失，提高梯（园）田化水平。采用机械耕作，加深耕层，熟化土壤，改善土壤理化性状，提高土壤保水、保肥能力。划区制订技术改良方案，将全县耕地地力水平分级划分到村、到户，建立耕地改良档案，定期定人检查验收。

4. 重视粮食生产安全，加强耕地利用和保护管理 根据河曲县农业发展远景规划目标，要十分重视耕地利用保护与粮食生产之间的关系。人口不断增长，耕地逐年减少，要解决好建设与吃饭的关系，合理利用耕地资源，实现耕地总面积动态平衡，解决人口增长与耕地矛盾，实现农业经济和社会可持续发展。

总之，耕地资源配置，主要是各土地利用类型在空间上的整体布局；另一层含义是指同一土地利用类型在某一地域中是分散配置还是集中配置。耕地资源空间分布结构折射出其地域特征，而合理的空间分布结构可在一定程度上反映自然生态和社会经济系统间的协调程度。耕地的配置方式，对耕地产出效益的影响很大，经过合理配置，农村耕地相对规模集中，既利于农业管理，又利于减少投工投资，耕地的利用率将有较大提高。

具体措施：一是严格执行《基本农田保护条例》，增加土地投入，大力改造中低产田，使农田数量与质量稳步提高；二是园地面积要适当调整，淘汰劣质果园，发展优质果品生产基地；三是林草地面积适量增长，加大“四荒”（荒山、荒坡、荒丘、荒滩）拍卖开发力度，种草植树，力争森林覆盖率达到 30%，牧草面积占到耕地面积的 2%以上。搞好河道、滩涂地有效开发，增加可利用耕地面积。加大小流域综合治理，在搞好耕地整治规划的同时，治山治坡、改土造田，基本农田建设与农业综合开发结合进行；要采取措施，严控企业占地，严控农村宅基地占用一级、二级耕地，加大废旧砖窑和农村废弃宅基地的返田改造，盘活耕地存量“开源”与“节流”并举，加快耕地使用制度改革。实行耕地使用证发放制度，促进耕地资源的有效利用。

四、土、肥、水、热资源管理

（一）基本状况

河曲县耕地自然资源包括土、肥、水、热资源。它是在一定的自然和农业经济条件下逐渐形成的，其利用及变化均受到自然、社会、经济、技术条件的影响和制约。自然条件是耕地利用的基本要素。热量与降水是气候条件最活跃的因素，对耕地资源影响较为深刻，不仅影响耕地资源类型的形成，更重要的是直接影响耕地的开发程度、利用方式、作物种植、耕作制度等方面。土壤肥力则是耕地地力与质量水平基础的反映。

1. 光热资源　河曲县属暖温带大陆性季风气候，四季分明，冬季寒冷干燥，夏季炎热多雨。年均气温为 8℃，7 月最热，平均气温达 23.6℃，极端最高气温达 38.2℃；1 月最冷，平均气温－10.6℃，最低气温－26.9℃。县域热量资源丰富，大于 3℃的积温为 4 855.6℃，稳定在 10℃以上的积温 2 729～3 392℃。历年平均日照时数为 2 855.7 小时，无霜期 110～166 天。

2. 降水与水文资源　河曲县全年降水量为 446.5 毫米，不同地形间降水量分布规律：东部和南部山区降水较多，年降水量 480 毫米以上；平川地区较少，年降水量在 430 毫米以下；年度间全县降水量差异较大，降水量季节性分布明显，主要集中在 7 月、8 月、9 月这 3 个月，占年总降水量的 60%左右。

河曲县位于黄土高原，属干旱贫水县之一。水利资源总量 154 200 万立方米，其中河水 14.7 亿立方米，地下水 5 900 万立方米，泉水 720 万立方米，洪水 3 420 万立方米，可利用总量为 8 530 万立方米。

3. 土壤肥力水平　河曲县耕地地力平均水平较低，依据《山西省中低产田类型划分与改良技术规程》，分析评价单元耕地土壤主要障碍因素，将全县耕地地力等级的四级至六级归并为4个中低产田类型，总面积58万亩，占总耕地面积的92.75%。全县耕地土壤类型主要是栗褐土、潮土两大类。其中，栗褐土分布面积较广，约占98%；潮土约占2%。全县土壤质地较好，主要分为沙质土、壤质土、黏质土3种类型，其中壤质土约占90%。土壤pH为7.1～9.2，平均值为8.17，耕地土壤容重为1.1～1.3克/立方厘米，平均值为1.18克/立方厘米。

（二）管理措施

在河曲县建立土壤、肥力、水热资源数据库，依照不同区域土、肥、水热状况，分类分区划定区域，设立监控点位，定人、定期填写检测结果，编制档案资料，形成有连续性的综合数据资料，有利于指导全县耕地地力恢复性建设。

五、科学施肥体系与灌溉制度的建立

（一）科学施肥体系建立

河曲县平衡施肥工作起步较早，最早始于20世纪70年代末定性的氮磷配合施肥；80年代初为半定量的初级配方施肥；90年代以来，有步骤定期开展土壤肥力测定，逐步建立了适合全县不同作物、不同土壤类型的施肥模式。在施肥技术上，提倡“增施有机肥，稳施氮肥，增施磷肥，补施钾肥，配施微肥和生物菌肥”。

从河曲县耕地地力调查结果看，全县耕地土壤有机质含量为8.1克/千克，属省五级水平，与第二次土壤普查的5.62克/千克相比提高了2.48克/千克；全氮平均含量为0.436克/千克，属省六级水平，与第二次土壤普查的0.4克/千克相比提高了0.04克/千克；有效磷平均含量9.55毫克/千克，属省五级水平，与第二次土壤普查的5.06毫克/千克相比提高了4.49毫克/千克；速效钾平均含量为97.77毫克/千克，属省五级水平，与第二次土壤普查的平均含量120毫克/千克相比下降了22.23毫克/千克。中微量元素养分含量锌、锰、铜、铁含量较高，属省四级水平，硫、硼属省五级水平，有效钼含量较低，属省六级水平。

1. 调整施肥思路 以节本增效为目标，立足抗旱栽培，着力提高肥料利用率，采取“增氮、稳磷、补钾、配微”原则，坚持有机肥与无机肥相结合，合理调整养分比例，按耕地地力与作物类型分期供肥，科学施用。

2. 施肥方法

（1）因土施肥：不同土壤类型保肥、供肥性能不同。对河曲县黄土台垣丘陵区旱地，土壤的土体构型为通体壤或“蒙金型”，一般将肥料作基肥一次施用效果最好；对黄河两岸的沙土、夹沙土等构型土壤，肥料特别是钾肥应少量多次施用。

（2）因品种施肥：肥料品种不同，施肥方法也不同。对碳酸氢铵等易挥发性化肥，必须集中深施覆盖土，一般为10～20厘米。硝态氮肥易流失，宜作追肥，不宜大水漫灌；尿素为高浓度中性肥料，作底肥和叶面喷肥效果最好，在旱地做基肥集中条施。磷肥易被土壤固定，常作基肥和种肥，要集中沟施，且忌撒施土壤表面。

（3）因苗施肥：对基肥充足、生长旺盛的田块，要少量控制氮肥，少追或推迟追肥；对基肥不足、生长缓慢田块，要施足基肥，多追或早追氮肥；对后期生长旺盛的田块，要控氮补磷施钾。

3. 选定施用时期　因作物选定施肥时期。马铃薯追肥宜选在开花前；玉米追肥宜选在拔节期和大喇叭口期，同时可采用叶面喷施锌肥；糜谷追肥选在孕秋期和杨花期。

在作物喷肥时间上，要看天气施用，要选无风、晴朗天气，早上 9：00 以前或16：00 以后喷施。

4. 选择适宜的肥料品种和合理的施用量施肥　在品种选择上，增施有机肥、高温堆沤积肥、生物菌肥；严格控制硝态氮肥施用，忌在忌氯作物上施用氯化钾，提倡施用硫酸钾肥，补施铁肥、锌肥、硼肥等微量元素化肥。在化肥用量上，要坚持无害化施用原则，一般菜田，亩施腐熟农家肥 3 000～5 000 千克、尿素 25～30 千克、磷肥 40 千克、钾肥 10～15 千克。日光温室以番茄为例，一般亩产 6 000 千克，亩施有机肥 4 500千克、氮肥（N）25 千克、磷肥（P_2O_5）23 千克、钾肥（K_2O）16 千克，配施适量硼、锌等微量元素。

（二）灌溉制度的建立

河曲县为贫水区之一，主要采取抗旱节水灌溉为主。

1. 旱地区集雨灌溉模式　主要采用有机旱作技术模式，深翻耕作，加深耕层，平田整地，提高园（梯）田化水平，地膜覆盖，垄际集雨纳墒，秸秆覆盖蓄水保墒，高灌引水，节水管灌等配套技术措施，提高旱地农田水分利用率。

2. 扩大井水灌溉面积　水源条件较好的旱地，打井造渠，利用分畦浇灌或管道渗灌、喷灌，节约用水，保障作物生育期一次透水。平川井灌区要修整管道，按作物需水高峰期浇灌，全生育期保证 2～3 次，满足作物生长需求，切忌大水漫灌。

（三）体制建设

在河曲县建立科学施肥与灌溉制度，农业、技术部门要严格细化相关施肥技术方案，积极宣传和指导；水利部门要抓好淤地打坝、井灌配套等基本农田水利设施建设，提高灌溉能力；林业部门要加大荒坡、荒山植树植被、绿色环境，改善气候条件，提高年际降雨量；农业环保部门要加强基本农田及水污染的综合治理，改善耕地环境质量和灌溉水质量。

六、信息发布与咨询

耕地地力与质量信息发布与咨询，直接关系到耕地地力水平的提高，关系到农业结构调整与农民增收目标的实现。

（一）体系建立

以河曲县农业技术部门为依托，在山西省、忻州市农业技术部门的支持下，建立耕地地力与质量信息发布咨询服务体系，建立相关数据资料展览室，将全县土壤、土地利用、农田水利、土壤污染、基本农业田保护区等相关信息融入电脑网络之中，充分利用县、乡两级农业信息服务网络，对辖区内的耕地资源进行系统的动态管理，为农业生产和结构调整做好耕地质量动态变化、土壤适宜性、施肥咨询、作物营养诊断等多方位的信息服务。在乡村建立专门试验示范生产区，专业技术人员要做好协助指导管理，为农户提供技术、市场、物资供求信息，定期记录监测数据，实现规范化管理。

（二）信息发布与咨询服务

1. 农业信息发布与咨询 重点抓好粮食、蔬菜、水果、中药材等适栽品种供求动态及适栽管理技术，无公害农产品化肥和农药科学施用技术，农田环境质量技术标准的入户宣传，编制通俗易懂的文字，图片发放到每家每户。

2. 开辟空中课堂抓宣传 充分利用覆盖河曲县的电视传媒信号，定期做好专题资料宣传，并设立信息咨询服务电话热线，及时解答和解决农民提出的各种疑难问题。

3. 组建农业耕地环境质量服务组织 在河曲县乡村选拔科技骨干及科技副村长，统一组织耕地地力与质量建设技术培训，组成农业耕地地力与质量管理服务队，建立奖罚机制，鼓励他们谏言献策，提供耕地地力与质量方面信息和技术思路，服务于全县农业发展。

4. 建立完善执法管理机构 成立由河曲县土地、环保、农业等行政部门组成的综合行政执法决策机构，加强对全县农业环境的执法保护。开展农资市场打假，依法保护利用土地，监控企业污染，净化农业发展环境。同时，配合宣传相关法律、法规，让群众家喻户晓，自觉接受社会监督。

第六节 河曲县耕地质量状况与葡萄标准化生产的对策研究

河曲县巨峰葡萄品种优良。目前，种植面积达 0.25 万亩，主要分布在文笔镇焦尾城、唐家会等村。该区属暖温带大陆性季风气候，光热资源丰富，雨量适中，昼夜温差较大；地势平坦，土壤较肥沃，土层深厚，质地适中，园田化水平高；年平均气温 8℃，≥10℃的积温在 3 200℃以上，降水量 420 毫米，地下水资源半富水区，应适度开采利用。所产葡萄远销晋、陕、蒙等地。

一、葡萄主产区耕地质量现状

（一）耕地地力现状

从本次调查结果可知，葡萄产区的土壤理化性状为：有机质平均值为 6.5 克/千克，属省五级水平；全氮平均值为 0.41 克/千克，属省六级水平；有效磷平均值为 10.71 毫克/千克，属省四级水平；速效钾平均值为 95.79 毫克/千克，属省五级水平；交换性钙平均值 46.4 克/千克，属省二级水平；交换性镁平均值 2.47 克/千克，属省二级水平；微量元素有效铜平均值为 0.57 毫克/千克，属省三级水平；有效锌平均值为 0.78 毫克/千克，属省三级水平；有效铁平均值为 4.69 毫克/千克，属省四级水平；有效锰平均值为 5.16 毫克/千克，属省三级水平；有效硼平均值为 0.46 毫克/千克，属省四级水平；pH 为 7.9～8.5，平均值为 8.34。

（二）耕地环境质量状况

葡萄产地的各点位均符合我国农田灌溉水质标准。综合以上分析，河曲县葡萄主产区土壤环境条件较优越，水质良好。符合绿色食品产地要求，适宜于葡萄的标准化生产。

二、葡萄标准化生产技术规程

1. 范围　本标准内规定了无公害巨峰葡萄生产园地选择与规划、栽植、土肥水管理、整形修剪、花果管理、病虫害防治和果实采收等技术。适用于无公害食品葡萄的生产。

2. 规范性引用文件

NY/T 393　绿色食品农药使用准则

NY/T 394—2000　绿色食品肥料使用准则

NY/T 441—2001　苹果生产技术规程

NY/T 428—2000　绿色食品葡萄

GH/T 1022—2000　鲜葡萄

NY/T 470—2001　鲜食葡萄

NY/T 5012—2001　无公害食品苹果生产技术规程

NY 5013　无公害食品苹果产地环境条件

3. 园地规划与选择

（1）园地选择　按 NY/T 441—2001 的 3.1.1～3.1.2 和 NY 5013 的规定执行。

（2）园地规划　按 NY/T 441—2001 中 3.2 的规定执行。

4. 品种　品种为巨峰。

5. 栽植　按 NY/T 441—2001 的 5.1～5.6 的规定执行，栽植沟（或穴）内施入的有机肥应是 NY/T 394—2000 中 3.4～3.5 的农家肥和商品肥料。

6. 土肥水管理

（1）土壤管理：

①深翻改土。葡萄的栽植可按行挖沟或按定植点挖穴。定植沟一般要求宽 80 厘米、深 80 厘米。定植穴要求按 1 米见方进行挖掘。回填时要求先填入 20～30 厘米厚的秸秆，再把腐熟的农家肥与表土混合填入，底土在栽植沟的两边做地埂，然后充分灌水，使根土密接。

②中耕。在葡萄的生长期间，由于人为条件或自然条件造成的土壤板结不利于根系的生长和植株的发育，因此，在植株的生长期间，要进行多次中耕，同时也起到除草、保墒的作用。中耕深度 5～10 厘米。

③覆草。按 NY/T 5012—2001 的 6.1.3 的规定执行。

④种植绿肥和行间生草。按 NY/T 441—2001 的 6.1.2 的规定执行。

（2）施肥：

①施肥原则。以有机肥为主，化肥为辅，保持或增加土壤肥力及土壤生物活性。所用的肥料不应对果园环境和果实品质产生不良影响。

②允许使用的肥料种类。

a. 农家肥料　按 NY/T 394—2000 中 3.4 所述的农家肥施行。包括堆肥、沤肥、厩肥、沼气肥、绿肥、作物秸秆肥、混肥、饼肥等。

b. 商品肥料　按 NY/T 394—2000 中 3.5 所述的各种肥料规定执行。包括商品有机肥、腐殖酸类肥、微生物肥、有机复合肥、无机（矿质）肥、叶面肥、有机无机肥等。

c. 其他肥料　按 NY/T 5012—2001 中 6.2.2.3 的规定执行。

③禁止使用的肥料。按 NY/T 5012—2001 中 6.2.3.1～6.2.3.3 的规定执行。

④施肥方法和数量

a. 基肥　秋季果实采收后施入，以农家肥为主，混以少量氮素化肥，施肥量按每公斤葡萄施 1.5～2.0 千克的优质农家肥计算，一般盛果期葡萄园每 666.7 平方米施 3 000～5 000 千克有机肥。施用方法以沟施和撒施为主，施肥部位在距离葡萄根部 0.5～1.0 米。沟施为挖条带沟，沟深 60～80 厘米；撒施为将肥料均匀撒在树冠周围，并深翻 20 厘米。

b. 追肥

（a）土壤追肥　每年 5 次。第一次在萌芽前后，以氮肥为主；第二次在花期 7 天，以磷钾肥为主，氮磷钾肥混合使用；第三次在果实膨大期，以磷钾肥为主，氮磷钾肥混合使用；第四次在果实生长后期，以钾肥为主。施肥量以当地的土壤条件和施肥特点确定，结果树一般每生产 100 千克葡萄，需追施纯氮 1.0 千克、纯磷（P_2O_5）0.8 千克、纯钾（K_2O）1.5 千克。施肥方法为树下开沟（距离树根 50～80 厘米），沟深 15～20 厘米，追肥后及时灌水。第五次追肥在距离果实采收期 30 天以前进行。

（b）叶面喷肥　全年叶面喷肥 4～5 次，一般生长前期 2 次，以氮肥为主；后期 2～3 次，以磷钾肥为主。常用的肥料浓度：尿素 0.2%～0.4%，磷酸二氢钾 0.2%～0.3%，硼砂0.1%～0.3%。最后一次喷肥在距离果实采收前 20 天以前进行。

（3）水分管理：灌溉水的质量应符合 NY/T 5013 的要求。其他按 NY/T 441—2001 的 6.3 执行。

7. 架式整形修剪

（1）架式：

①篱架。

②小棚架。

③单臂“V”形架。

④“高、宽、垂”架。

（2）整形修剪：

篱架　高度一般为 1.5～2 米，架上拉铁丝 1～4 道，架的大小根据品种性、果实充分成熟，按 GH/T 1022—2000 的规定执行。

8. 果实分级　按 NY/T470—2001 中 4.1 的规定执行。

9. 储藏、运输　按 NY/T 470—2001 中 4.1 的规定执行。

三、葡萄主产区存在的问题

1. 土壤有机质含量偏低　生产中存在的主要问题是有机肥施用量少，甚至不施。

2. 微量元素肥量施用量不足　尤其是铁、锰、硼、钼。多数菜农思想上不重视，微肥施用量低，甚至不施。

3. 化肥施用方法不当　化肥撒施现象相当普遍，肥料利用率低下。

4. 化肥用量不合理　偏施氮肥，且用量大，磷钾用量不合理，养分不均衡，降低了养分的有效性。

四、葡萄实施标准化生产的对策

1. 选择最适宜的栽培区域和良好的土壤条件　依巨峰葡萄品种特性，最适宜的栽培区应为海拔 500～600 米，年降水量 600 毫米以下，无霜期 160 天以上，大于或等于 10℃以上的年有效积温 3 400℃以上，日照时数 2 500 小时以上。建园土质要求沙壤或中壤，有机质含量 1%以上，土壤 pH 6.5～7.5，有浇水条件。

2. 栽前挖槽进行深翻改土　因葡萄是多年生植物，且是肉质根系，要求土壤通透性好、导热性强，有机质含量高。所以栽前必须按行距挖栽植沟，施入有机肥。具体要求：挖深、宽各 60 厘米的沟，挖时将表土和心土分开两边堆放，回垫时最下层分 3 次垫 30 厘米秸秆，其中间垫混有表土的有机肥、磷肥和氮肥，然后踏实。上层及中行间表土混合腐熟的有机肥（每亩按 2 500～5 000 千克），磷肥（每亩按 50～100 千克），垫满植栽沟并高出地面 10～15 厘米。最后用心土做埂饱浇一水，待水分下渗后耙松，覆盖地膜，达到临栽标准（此项工作应在冬前进行）。

3. 采用良好的架形和适宜的密度　巨峰葡萄有幼树生长势偏弱，两年后转旺枝条顶端极性强，大量结果后趋向中庸健壮和抗病性差的特点。栽植宜采用小棚架，而不适篱架，我们应首选小棚架；其次是单臂水平"V"形架，要求株行距：棚架（4～6）米×（0.6～1）米，"V"形架 2.5 米×1 米。

4. 选用无病毒的健壮苗木　常见的病毒病主要有扇叶、卷叶、栓皮、茎豆、萎缩、斑纹、无味果病毒病。新建园首先应用无病毒或脱毒健壮苗木。一般硬枝苗要求地茎粗度 0.8～1 厘米，根系 4～6 条，长度 20 厘米，须根多且无劈裂、无病虫害。绿体苗要求高 10～15厘米，有 3～4 片展平叶，叶色浓绿，生长粗壮，无病虫害，且营养钵不散，土团不干。

5. 按要求施肥浇水　栽后及时浇水保成活，合理追肥促生长，叶面喷肥补充营养，争取当年成形，第二年结果。

（1）结果树浇水时期：一是萌芽期（地面 20 厘米深处土温 12℃以上时）小水灌溉；二是新梢长至 10 厘米以上时大水灌溉；三是幼果膨大期即为葡萄的需水临界期，应及时灌足水；四是浆果着色前灌一次大水，维持到采收；五是采果后灌水；六是冬剪后灌一次透水。

（2）施肥：一是考虑产量，一般成龄园亩施优质粪肥 5 000 千克以上，才能生产 1 500千克以上优质果；二是化肥按生产 100 千克果，需要纯氮 1 千克、五氧化二磷 0.3～0.5 千克、氧化钾 1 千克的标准推算；三是考虑肥料的利用率，一般利用率氮 50%、磷 30%、钾 40%；四是施肥时期应以秋施基肥为主，适当掺些矿质元素，在生长季追肥 3～5 次。萌芽前每亩追 10～15 千克尿素；幼果膨大期亩追 10～15 千克尿素，加 7.5 千克二铵和 10 千克硫酸钾；浆果着色前每亩追 7.5 千克二铵和 10 千克硫酸钾，另外结合喷药，叶面喷施氨基酸、天达 2116、稀土等液肥。总之，施肥与浇水结合进行，并注意及时中耕松土。

6. 搞好冬季修剪和夏季枝条管理 冬剪主要是促进树势健壮，调节生长和结果的关系，使枝条合理布局，调整结果部位，防止结果部位外移，下部枝条光秃等。对盛果期葡萄园亩产量应控制在 1 000～1 500 千克，冬剪时把产量分布到每一株上，粗壮枝着生部位好的可留 2 穗果，中庸枝只留 1 穗果，弱枝不留果。枝条密时采取单枝更新的方法，枝条稀时采取双枝更新的方法，一般结果枝以短梢修剪为主，延长枝长梢修剪，培养枝组时中长梢修剪结合。结果枝组分布间距 20～25 厘米，新梢在架面上 10～15 厘米排列一个"V"形架，考虑到其他因素影响，可适当增加 30%留梢量。生长季及时抹芽、定梢、绑蔓、疏除卷须，结果枝坐果后及时打顶，营养枝按时摘心，促进枝条充实，芽眼饱满。培养结果枝组，延长头进入 8 月中旬全部摘心，促进枝蔓成熟。对副梢要及时处理，果穗以下的全部抹除，其余副梢延长头留 4～6 片叶摘心外，其他均采取留两片叶反复摘心的办法。

7. 强化果穗管理 根据亩产量确定单株留花序和留果多少，疏果穗和蔬果粒是调整结果量的最后一道工序。疏花序在新梢上能明显分辩清花序多少、大小时及早进行。一般壮枝和中庸枝只留 1 穗，对所留花序应剪去基部 1～2 个大的分枝，掐掉 1/4～1/3 穗尖；然后根据花序大小间隔疏除（去一留二）一部分中部一级分枝和二级小分枝，并剪去少量一级分枝顶尖，使一个花序保留 6～8 个一级分枝。疏果粒在疏穗以后进入硬核期，能分辨果粒大小时进行，一般单穗留果 70 粒左右，单穗重要求 700～800 克，每亩留 2 000 穗左右，每株 7～8 穗。留果可按圆锥形排列：即第一层 15～18 粒，第二层 12～14 粒，第三层 8～10 粒，第四层 4～8 粒，第五层 2～4 粒。最后整顺果穗，使其自然下垂，防止卡在枝杈或铁丝上。

8. 搞好果实套袋 套袋可明显地改善果实外观品质，防止病虫害和有害气体污染，减少农药残留，改善果实风味，是生产无公害葡萄的一项重要技术。套袋一般在果实坐稳，整穗疏粒结束后立即进行，赶在雨季来临前结束，以防早期遭受病害的侵染和日烧。套袋前全园喷布一遍杀菌剂，重点喷布果穗。药液晾干后开始套袋。套袋前一天晚上将袋口蘸湿 1/3。套时袋要撑开，将果穗放至袋中央，防止果实贴袋，扎口尽量绑到穗柄根部，适当扎牢，以防刮风下滑。套后及时观察天气变化，遇到高温及时通开底部，降低袋内温度，尽量用周围枝叶遮果穗，防止直射光造成日烧。必要时叶面喷黄腐酸盐类减少叶面蒸腾。

9. 应用无公害农药，及时防治病虫害 一是落叶后埋土前，结合冬剪要先清洁果园，将枯枝落叶集中烧毁，枝杆喷 3～5 波美度的石硫合剂消灭越冬病虫；二是枝蔓出土后喷 30 倍晶体石硫合剂加 1 500 倍桃小灵；三是萌芽展叶期喷 800 倍喷克＋2 500 倍阿维菌素＋1 500倍天达 2116；四是开花后喷 600 倍科博＋1 000 倍克螨灵＋800 倍高美施；五是坐果及膨大期喷 800 倍新太生＋3 000 倍功夫＋1 500 倍天达 2116。六是着色期交替使用喷克、乙磷铝、甲霜灵、霜脲锰锌等并加稀土促进着色；七是成熟期至采果后，喷进口甲托＋氨基酸叶面肥保护叶片。

10. 合理使用生长调节剂 当花穗 5 厘米左右时用"奇宝"拉长花序。花后 15～30

天后，用奇宝浸果或喷穗，促进坐果和果粒增大，成熟期及时喷稀土、促进着色和成熟，提早上市，抢占市场，提高效益。

五、无公害葡萄园病虫害综合防治及技术标准

1. 无公害葡萄园病虫害综合防治　见表8-2。

表8-2　无公害葡萄园病虫害综合防治

时　间	防治措施	防治对象	备　注
休眠期（秋季或春季修剪后）	彻底清扫果园，将枯枝落叶等运出园外集中烧毁或深埋	葡萄白腐病、炭疽病、黑痘病、霜霉病等	
芽萌动期（4月上中旬）	喷施3～5波美度的石硫合剂＋200倍五氯酚钠	葡萄炭疽病、黑痘病、白粉病、蚧壳虫和螨类	结合刮老皮进行药剂防治
开花前（5月下旬）	喷施半量式的波尔多液（1∶0.5∶240）或喷50%多菌灵600～800倍液	葡萄黑痘病、霜霉病、灰霉病、穗轴褐枯病	
落花后（6月上旬）	喷施1∶1∶200倍的波尔多液或70%甲基托布津1 000倍液，或800倍退菌特；针对虫害可喷辛硫磷、吡虫啉、齐螨素	葡萄白腐病、黑痘病、白粉病、炭疽病、叶蝉类、蚧壳虫和螨类	喷施药剂，可把病消灭在初发阶段
幼果膨大期（6月下旬至7月上旬）	喷施500～800倍退菌特＋200倍展着剂，或500倍百菌清，或800～1 000倍多菌灵	葡萄白腐病、黑痘病、白粉病、炭疽病、叶蝉类、蚧壳虫和螨类	如果前期雨水较多，注意葡萄霜霉病的防治
果实着色期（7月中下旬）	同上	同上	重点防治果实病害
果实采收期（8月至9月上中旬）	喷施常用的杀菌剂，如多菌灵、百菌清、退菌特等，交替使用	果实病害	
采收后（9月下旬至10月）	剪除挂在树上或掉在地上的病果，清除病叶、杂草	各种越冬病虫	

2. 无公害葡萄园技术标准

（1）主要内容与适用范围：本标准规定了巨峰葡萄的技术等级标准、检验方法、检验规则、等级判定规则、包装、标志、运输和储藏。本标准适用于巨峰葡萄果品的质量检验。

（2）引用标准：本标准引用了以下标准中的部分条款。

GB 10651—1989　鲜苹果

GB 2762　食品中汞允许量标准

GB 5009.17　食品中汞的测定方法

GB 2763　粮食、蔬菜等食品中六六六、滴滴涕残留量标准

GB 5009.19　食品中六六六、滴滴涕残留量的测定方法
GB 14869—1994　食品中百菌清最大残留限量标准
GB 14878—1994　食品中百菌清残留量的测定方法
GB 14870—1994　食品中多菌灵最大残留限量标准
GB 5009.38　蔬菜、水果卫生标准的分析方法
GB 4810—1994　食品中砷限量的卫生标准
GB 5009.11　食品中总砷的测定方法
GB 14972—1994　食品中粉锈宁残留量标准
GB/T 14973　食品中粉锈宁残留量测定方法
GB 9678.1—1994　粮果卫生标准
GB 15199—1994　食品中铜限量的卫生标准
GB 5006.13　食品中铜的测定方法
GB 5009.34　食品中亚硫酸盐的测定方法
GB 8855—1988　新鲜水果和蔬菜的取样方法
GB 12295—1990　水果、蔬菜制品可溶性固形物含量的测定——折射法
GB 10466—1989　蔬菜、水果形态学和结构学术语（一）
NY/T 470—2001　鲜食葡萄

（3）定义：本标准的形态学和结构学定义按照 GB 10466—1989 的有关术语的规定执行；充分发育、碰压伤、可溶性固形物、洁净、细心采摘、日灼、非正常的外来水分等定义参照 GB 10651—1989“鲜苹果”中的有关定义，还采用了下列定义。

①果穗整齐度　果穗形状、大小的均匀程度。

②果粒均匀性　果粒形状、大小不一的均匀程度。

③果穗紧密度　果粒在果穗上着生的紧密程度。

④中等紧密　果穗平放基本不变形。

⑤过度紧密　果穗因紧密而使果粒挤压变形。

⑥稀疏　果穗上的果粒稀少，主梗和侧埂明显地显露空隙，结构上显得果梗繁多，果穗平放时明显变形。

⑦成熟　果实进入转色期后，每隔两天测定一次糖度、糖度不再增加时为成熟。

⑧色泽　本品种果实成熟时特有的颜色。

⑨果面缺陷　果面缺陷包括日灼、刺伤、碰压伤、药害、裂果、雹伤、其他疵点等。

⑩果粉　果实表面的色粉状物质。

⑪风味　风味是果实甜度、酸度、肉质、香气等内在品质的综合体现。

⑫水罐　果实的一种非侵染性病害，多发生在穗尖和肩部。

⑬落粒　果粒从果穗上自然散落。

（4）技术等级标准：

①等级标准　本标准重点对巨峰葡萄果实外观的等级标准进行了规定，内在品质仅对含糖量和风味进行了等级规定。等级标准见表 8－3。

表 8-3 鲜食葡萄等级标准

项目名称	等级		
	一等果	二等果	三等果
果穗基本要求	果穗完成、洁净、无异常气味		
	不落粒		
	无水罐		
	无干缩果		
	无腐烂		
	无小青粒		
	无非正常的外来水分		
	果梗、果蒂发育良好并健壮、新鲜、无伤害		
果粒基本要求	充分发育		
	充分成熟		
	果形端正、具有本品种固有特征		
果穗要求			
果穗大小（千克）	0.4～0.8	0.3～0.4	<0.3 或>0.8
果粒着生紧密度	中等紧密	中等紧密	极紧密或稀疏
果粒要求			
大小（克）	≥平均值的 15%	≥平均值	<平均值
着色	好	良好	较好
果粉	完整	完整	基本完整
果面缺陷	无	缺陷果粒≤2%	缺陷果粒≤5%
二氧化硫伤害	无	受伤果粒≤2%	受伤果粒≤5%
可溶性固体含量	≥平均值的 15%	≥平均值	<平均值
风味	好	良好	较好

注：1 果粒大小和可溶性固形物含量的平均值参照表 8-4。

表 8-4 巨峰葡萄品种的平均果粒重量和可溶性固形物含量

品种	单粒重（克）	可溶性固形物含量（克/100 米）
巨峰	12.0	16

②卫生指标 卫生指标按以下标准规定执行：

GB 2762 食品中汞允许量标准

GB 2763 粮食、蔬菜等食品中六六六、滴滴涕残留量标准

GB 14869—1994 食品中百菌清最大残留限量标准

GB 14870—1994 食品中多菌灵最大残留限量标准

GB 4810—1994 食品中砷限量的卫生标准

GB 14972—1994　食品中粉锈宁残留量标准

GB 9678.1—1994　粮果卫生标准

GB 15199—1994　食品中铜限量的卫生标准

（5）检验方法：

①外观指标检验

1）果实外观指标、成熟度和果面缺陷由感官鉴定。着色度的等级标准依照表 8－5。

2）果穗的大小由天平测试确定，取 10 穗的平均重。

3）果粒大小由天平测定，取 50 粒的平均重。

②内在品质指标检验

1）果实肉质、汁液、风味通过品尝进行鉴定。

2）可溶性固形物含量的测定

测定方法按 GB 12295 规定的方法进行测定。

表 8－5　巨峰葡萄的着色度等级标准

着色程度	标　　准
好	每穗中至少有 75%以上的果粒呈现良好的特有色泽
良好	每穗中至少有 70%以上的果粒呈现良好的特有色泽
较好	每穗中至少有 60%以上的果粒呈现良好的特有色泽

③卫生指标检验　各卫生指标依照以下标准规定进行检测：

GB 5009.17　食品中汞的测定方法

GB 5009.19　食品中六六六、滴滴涕残留量的测定方法

GB 14878—1994　食品中百菌清残留量的测定方法

GB 5009.38　蔬菜、水果卫生标准的分析方法

GB 5009.11　食品中总砷的测定方法

GB/T 14973　食品中粉锈宁残留量测定方法

GB 5006.13　食品中铜的测定方法

GB 5009.34　食品中亚硫酸盐的测定方法

④检验时将各种不合格的果穗或果粒的百分率参照 GB 10651—1989 标准中 5.1.3.6 规定的方法进行计算。

（6）检验规则：

①产地收购鲜食葡萄时按本标准规定质量标准进行检验。凡同一品种、同一次收购的葡萄作为一个检验批次。

②取样

1）随机取样，抽取的样品必须具有代表性。

2）取样方法：参照 GB/T 8855 的有关规定执行。

3）在检验过程中如发现葡萄的质量问题，需要扩大检验范围时，可以增加取样数量。

（7）等级判定规则：

①各级葡萄对不合格果有一定的容许度。

②各级葡萄标准规定允许的不合格果，只能是邻级果，不允许隔级果。

③一等果的外观特征总不合格率不能超过5%，单项不合格率不能超过1%；内在品质总不合格率不能超过5%。二等果的外观特征不合格率不能超过10%，单项不合格率不能超过2%；内在品质总不合格率不能超过10%。三等果的外观特征不合格率不能超过10%，单项不合格率不能超过2%；内在品质总不合格率不能超过10%。超出容许度的果实降级处理，超出三级容许度的果实降级为等外果。

（8）包装和容器：

①包装

1）　包装容器　包装容器必须坚实、牢固、干燥、清洁卫生、无异味；内外两面无钉头、夹刺或其他尖突物，对产品应具有充分的保护性能；包装材及制备标记所用的印色与胶水应对人无害。一般使用木箱、瓦楞纸箱、钙塑箱或泡沫塑料箱。

2）其他要求　每一包装容器内只能装同一品种、同一等级的果实、不得混装，同一批次葡萄每件包装的净重应一致，达到标准化、规范化。

②标志

1）基本要求　葡萄鲜果的外包装应有标志。标志内容应容易理解，方案简明，图案醒目，并含有符合有关标准规定的内容。

2）基本内容　标准的基本内容包括：

a. 产品名称

b. 品种名称

c. 商标

d. 质量等级果实净重

e. 产地或企业名称

f. 包装日期

g. 检质人员

（9）运输与储藏：

①运输

1）葡萄果实采收后及时包装、运输。

2）葡萄果实的运输工具应清洁，不得与有毒、有害物品混运。有条件的应预冷后恒温运输。

3）葡萄果实在装卸过程中应轻拿轻放，不得摔、压、碰、挤，以保持果穗和果粒的完好性。

②储藏　葡萄的储存场所应清洁、通风，产品应分级堆放，不得与有毒、有异味的物品一起储存。

第七节　河曲县耕地质量状况与红枣标准化生产的对策研究

栽植面积达2万亩，主要分布在文笔镇沙畔、蛐蜒峁、邬家沙梁，巡镇镇火石梁、大埝也村、小埝也村等地带，地势平缓，地质适中，园田化水平较高，基本为旱地枣园所产红枣，远销周边各地。

一、红枣主产区耕地质量现状

1. 从本次调查结果可知，红枣主产区的土壤理化性状　有机质含量4.83～7.15克/千克，平均值5.97克/千克，属省五级水平；全氮含量0.38～0.62克/千克，平均值0.41克/千克，属省六级水平；有效磷含量4.25～9.36毫克/千克，平均值5.64毫克/千克，属省五级水平；速效钾含量75.9～123.1毫克/千克，平均值96.3毫克/千克，属省五级水平；有效硫22.15～39.01毫克/千克，平均值25.42毫克/千克，属省四级水平。微量元素含量铜、锌、铁、锰，皆属省四水平；硼属省五级；钼属省六级水平，pH 8.21～8.5，平均值8.29。

2. 耕地环境质量现状　灌溉水环境质量现状：河曲各点位均符合我国农田灌溉水质标准。

综合以上分析，河曲红枣主产区土壤环境条件较优越，水质良好。皆为非污染区域，符合无公害产地要求，适宜于红枣的无公害标准化生产。

二、红枣标准化生产技术规程

1. 建园

（1）园地选择：油枣生长环境适宜选择土层厚度在30～80厘米、pH5.5～8.4、排水良好的地块，土质为沙壤土或壤土，且周围没有污染源。

（2）园地规划设计：园地规划设计应包括防护林、道路、排灌渠道、房屋及附属设施，合理布局，并绘制平面图。

2. 栽前准备

（1）整地和施肥：定植前每亩增施有机肥1 500千克，然后用旋耕犁耕地，深埋有机肥，以利培肥地力，改良土壤。

（2）栽植坑规格：栽植坑宽60厘米×60厘米或80厘米×80厘米见方，表土、心土分开堆放。每个坑施腐熟有机肥30千克，与表土搅匀回填坑内，直至离地面25厘米时，继续回填培成中心高、四周低的馒头状。

（3）苗木选择：栽植苗木应无检疫对象，粗壮通直，粗度大于0.80厘米、高度80厘米以上，色泽正常，充分木质化，无机械损伤，芽眼饱满，根系发达，长度15～20厘米以上，侧根5条，嫁接部位愈合完整。栽前要对苗木进行ABT生根粉蘸根处理。

3. 栽植

（1）栽植时间：秋栽时间在落叶前后，春栽时间在萌芽前后；秋栽宜早，春栽宜迟。

（2）栽植行向：以南北行向为宜。

（3）栽植密度：株距3～4米，行距5～6米。

（4）栽植方法：栽植时先回填土30厘米左右，再放苗填土，填上一层土时，轻微向上轻提苗木，以使根系充分舒展，再踩实，填土至嫁接口上部1～3厘米，最后浇上定根水。待水渗下去后用1平方米左右的地膜覆盖定植穴，周边用土压实，以利保湿、增温，促进快速生根，提高成活率。

4. 枣园栽培管理

（1）土壤管理：

①深翻改土。秋季深翻在枣果采收后进行，深度为25～30厘米；春季深翻在枣树萌芽前进行，深度为20～25厘米，翻后要耙平，镇压。近树干基部宜浅耕，避免损伤主侧根。

栽植地如属于丘陵地，可结合水土保持工程，深翻扩穴。平地成龄枣园，结合农耕进行全园深翻，也可以在枣树间或株间逐年开沟深翻，宽100～150厘米，直至打通植穴为止。

②中耕。在枣树生长季节，应结合除草进行中耕，清除杂草，铲除根蘖，疏松土壤。中耕除草的时间、次数、深度，应根据当地气候、枣园内杂草、根蘖等生长状况而定。一般做到浇水后松土，下雨后松土，干旱时松土。松土深度为10～20厘米，视树龄大小确定。

（2）施肥：

①施肥时间及种类：基肥在秋季采收枣果后施入。秋季未施入基肥，翌春土壤解冻后要尽早施入。基肥以圈肥、厩肥等长效性有机肥为主。

追肥应在枣树萌芽前、开花期、幼果期和果实膨大期追速效性氮、磷、钾肥料，以满足枣果生长发育的需要。萌芽前以速效性氮肥为主，花期和幼果期以速效性氮、磷肥为主，果实膨大期氮、磷、钾肥配合使用。

②施肥数量：幼树应进行环状沟施，沟深、宽各30厘米，成龄树进行全园撒施，深20～30厘米。1～4年生幼树，每亩年施基肥1吨，追施氮肥20千克；初果期树每亩年施基肥3吨，追施复合肥50千克；盛果期每亩年施基肥5吨，追施复合肥100千克；盛果后期应参照盛果期施肥量，根据树势状况，适当增减。

（3）灌溉：枣树的关键需水时期有3个；即萌芽前水、花期水、幼果膨大期水，应根据土壤墒情，适时灌溉。

（4）整形修剪：枣树整形修剪分两个时期：休眠期（落叶后至萌芽前）和生长期（芽长至1厘米至幼果膨大期）。

休眠期修剪常用的方法有疏枝、短截、回缩、刻伤；生长期修剪的常用方法有抹芽、除萌、摘心、拉枝。

板枣适宜采用的树形为：枣粮间作，适合自然圆头形和开心形；密植丰产，适合自由纺锤形。

①幼树整形。

1）自然圆头形整形　新栽枣树当苗高达120厘米时，立即摘心，使其上部着生的二次枝粗壮。翌年春季剪去摘心处的二次枝，让其腋下的主芽萌发成枝作为中央领导干，再在其下25厘米范围内选择干径达1厘米粗以上的二次枝3～4个，留一节枣股进行短截。并在发芽前在短截的二次枝着生部位上方1厘米处通过刻伤，促使这3～4个二次枝上的枣股主芽萌发形成主枝。第2年冬剪时，依照类似办法继续形成2～3个主枝，第2年主枝方位要与第1年的主枝方位相错开，一棵树保留6～7个大主枝，各主枝间距为25厘米左右。

2）开心树的整形　新栽幼树长至120厘米时立即摘心，使其上部的着生的二次枝粗壮。翌年春季，从摘心处的顶端开始选取3～4个粗壮的二次枝（枝径粗度达到1厘米以上），留一截枣股进行短截，以促使其培养成3～4个主枝，各主枝与主干夹角成45°。

3）自由纺锤形整形　当枣苗长到100厘米时摘心，翌年春季，在高干50厘米以上选留3个粗壮充实的二次枝，各留一枣股短截，促使枣股主芽萌发形成三大主枝。依次类推，第三年冬剪时，再在中央主干上，错开轮生剪出两大主枝，五大主枝间距均为30厘米。要注意调节各主枝间枝势平衡，保持中央主干的优势。

②生长结果期树修剪（5～10年生）。一是继续延长骨干枝，扩大树冠；二是疏除内膛影响通风透光的多余枝条；三是树体成形后，对中央主干进行剪裁封顶；四是夏季剪除不需要的萌芽，对骨干枝和结果枝组的延长头进行摘心，骨干枝和延长头保留6～7个二次枝，结果枝组的延长头保留3～5个，然后分别进行摘心。

③盛果期树修剪（10～50年生）。这个时期枣头枝萌发数量和生产量减少，大量结果。修剪的主要任务是做好细致的抹芽、除萌、摘心工作，保持一定数量的新生枣头枝，调整结果枝组，疏除病虫枝、无效枝，维持生长与结果的最佳平衡。

④老树更新（50年以上）。此时树冠中的骨干枝衰老、下垂，无效二次枝增多，老枝上萌生的新枝不断增多，应在骨干枝萌发的新枣头处回缩骨干枝，剪除下垂衰老部分，以抬高骨干枝的角度，增强树势，使产量得到恢复，清除枯枝、病虫枝。

（5）花期管理：

①抹芽摘心。及时抹除树冠中多余嫩条，减少不必要养分消耗，同时当新枣头长至5～7个二次枝时，立即掐去嫩梢。

②追肥。对没有施足底肥的枣树，可在花期追施1次以氮、磷为主的速效性肥料；如果人力不足，可采用叶面喷肥的办法，每隔15天，喷0.30％尿素混合0.30％的硼砂和891有机钛剂、稀土益植素，连续喷2～3次。

③花期喷水。在枣树盛花期，当空气干燥时，应在傍晚往树上喷洒清水。喷水量以湿透叶片为止，以增强空气湿度，提高坐果率。

④环剥。环剥宜在盛花后期进行，主要针对干径粗度达到10厘米以上的旺树。首次环剥要在主干上离地面10厘米处进行，剥口为5～7毫米，注意保护环剥口，及时喷药，防止蛀虫危害。并要加强肥、水管理，增强树势。

（6）花后管理：

①幼果膨大期追肥。追施磷、钾肥或进行叶面喷肥，促进幼果迅速膨大。

②生理落果期防止落果，可以喷洒萘乙酸等以利保果。

③防裂果。从盛花期开始至枣果白熟期，在雨水较多的情况下，喷2～3次钙肥，增强果皮硬度。

5. 病虫害防治

(1) 萌芽展叶期：重点防治枣瘿蚊、绿盲椿、枣步曲、食芽蟓甲、大灰蟓甲和金龟子的危害。使用药剂为阿维菌素，再掺入适量的渗透剂。

(2) 桃小食心虫和红蜘蛛防治：6月上、中旬，在幼虫出土高峰期采用地面防治。先在树干下150厘米范围内耙平地面，并用辛硫磷粉剂（7.50千克/公顷）喷洒地面，然后耙匀即可。在6月下旬至7月上旬的成虫高峰期，进行树上喷药防治，用2.50%的功夫乳油3 000倍液喷洒叶背面，以杀卵。6月中、下旬，喷螨死净和灭扫利，兼治龟蜡蚧。

(3) 枣疯病、枣黑斑病：一是引导农民勤观察、早动手，随时发现病枝，立即去除；二是在4月上、中旬发芽展叶期，采用“祛疯1号”在病树主干上打孔输液，输完液后再采取树上剪疯枝、树下刨疯根的办法，可治愈枣疯病。

防治黑腐病，提倡枣树生长前期树上喷杀菌剂，发芽前喷3～5波美度的石硫合剂。在枣树嫩芽生出1厘米时，再喷一次果丰乳油，可兼治黑腐病。

(4) 枣缩果病：从8月中旬开始，用50%DT杀菌剂或农用链霉素喷2次，间隔15天。

三、红枣主产区存在的主要问题

1. 土壤有机质含量偏低　从土壤养分测定结果来看，红枣产区有机质含量与红枣标准化生产技术规程相比属偏低水平，生产中存在的主要问题是有机肥施用量少，甚至不施。

2. 微量元素肥料施用量不足　微量元素对改善农产品品质有着不可替代的作用，从红枣主区土壤养分测定结果来看，土壤微量元素含量属中等偏下水平，生产中存在的主要问题是多数枣农思想上不重视，微肥施用量低，甚至不施。

3. 化肥施用方法不当　许多枣农在追肥时只图省事，不考虑肥效，化肥撒施现象相当普遍，使肥料利用率很低，白白浪费了肥料，严重时还会对红枣造成危害。

4. 化肥用量不合理　据调查红枣区菜农偏施氮肥，且用量大，磷钾用量不合理，养分不均衡，降低了养分的有效性。

四、红枣实施标准化生产的对策

1. 增施有机肥　有机肥料是养分最齐全的天然肥料。红枣产区的土壤增施有机肥，可增加土壤团粒结构，改善土壤的通气透水性及保水、保肥、供肥性能，增强土壤微生物活动，为红枣的生长提供良好的土壤环境。施肥时要求深翻入土，使肥土混合均匀，且有机肥应充分腐熟高温发酵，以达到红枣标准化、无害化生产的需求。

2. 合理配施有机无机化肥　无机化肥是红枣吸收养分的主要速效肥源，无机肥料与有机肥料配合施用，不但可以获得较高的红枣产量，也可起到加速土壤熟化的培肥作用，有机与无机肥之比不应低于 1∶1,因土施肥。由于红枣根系的特点，追肥对红枣生产有着极其重要的作用，追肥以速效态肥料为主。

3. 科学施用微肥 由于微量元素肥料对改善农产品品质有着不可替代的作用，因此，在红枣生产中要适时追施适量微肥，以达到高产、优质的目的，尤其是在老枣区更应注重微肥的施用。

4. 测土配方施肥 在对枣园土壤养分测试的基础上，实行配方施肥，需要什么肥就施什么肥，缺多少补充多少，以产定肥。

5. 施肥方法要适当 施肥方法要适当，红枣地不能把化肥撒施在表土，要提倡深施，施后覆土。

图书在版编目（CIP）数据

河曲县耕地地力评价与利用 / 康宇主编. —北京：中国农业出版社，2019.4
ISBN 978-7-109-16705-6

Ⅰ.①河… Ⅱ.①康… Ⅲ.①耕作土壤—土壤肥力—土壤调查—河曲县②耕作土壤—评价—河曲县 Ⅳ.①S159.225.4②S158

中国版本图书馆CIP数据核字（2012）第070374号

中国农业出版社出版
（北京市朝阳区麦子店街18号楼）
（邮政编码 100125）
责任编辑 杨桂华

中国农业出版社印刷厂印刷 新华书店北京发行所发行
2019年4月第1版 2019年4月北京第1次印刷

开本：787mm×1092mm 1/16 印张：10.75 插页：1
字数：260千字
定价：80.00元

河曲县耕地地力等级图

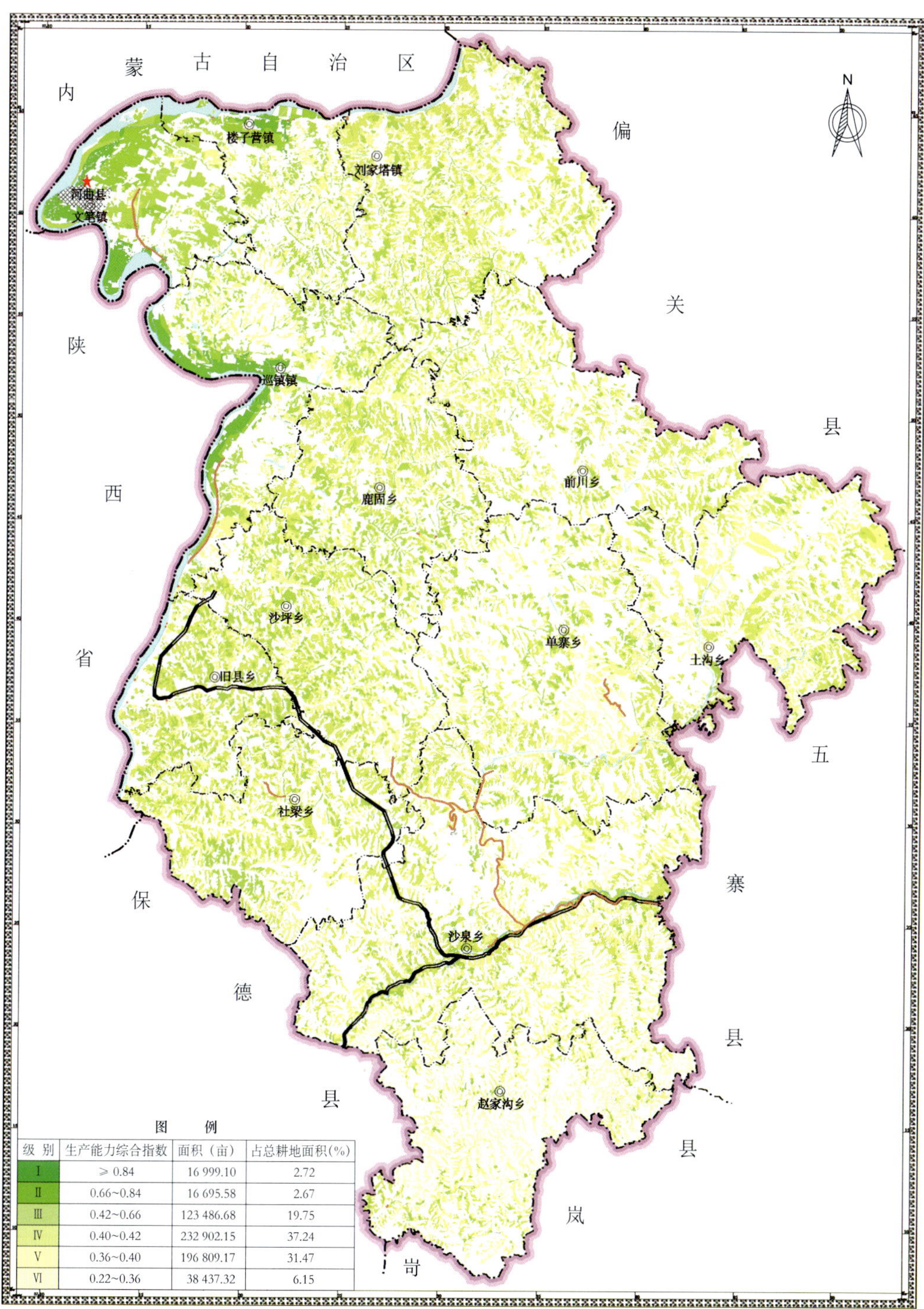

图 例

级 别	生产能力综合指数	面积（亩）	占总耕地面积(%)
Ⅰ	≥ 0.84	16 999.10	2.72
Ⅱ	0.66~0.84	16 695.58	2.67
Ⅲ	0.42~0.66	123 486.68	19.75
Ⅳ	0.40~0.42	232 902.15	37.24
Ⅴ	0.36~0.40	196 809.17	31.47
Ⅵ	0.22~0.36	38 437.32	6.15

山西省土壤肥料工作站监制
山西农业大学资源环境学院承制 二〇一〇年十月

1954 年北京坐标系
1956 年黄海高程系
高斯—克吕格投影

比例尺 1 ： 300 000

河曲县中低产田分布图

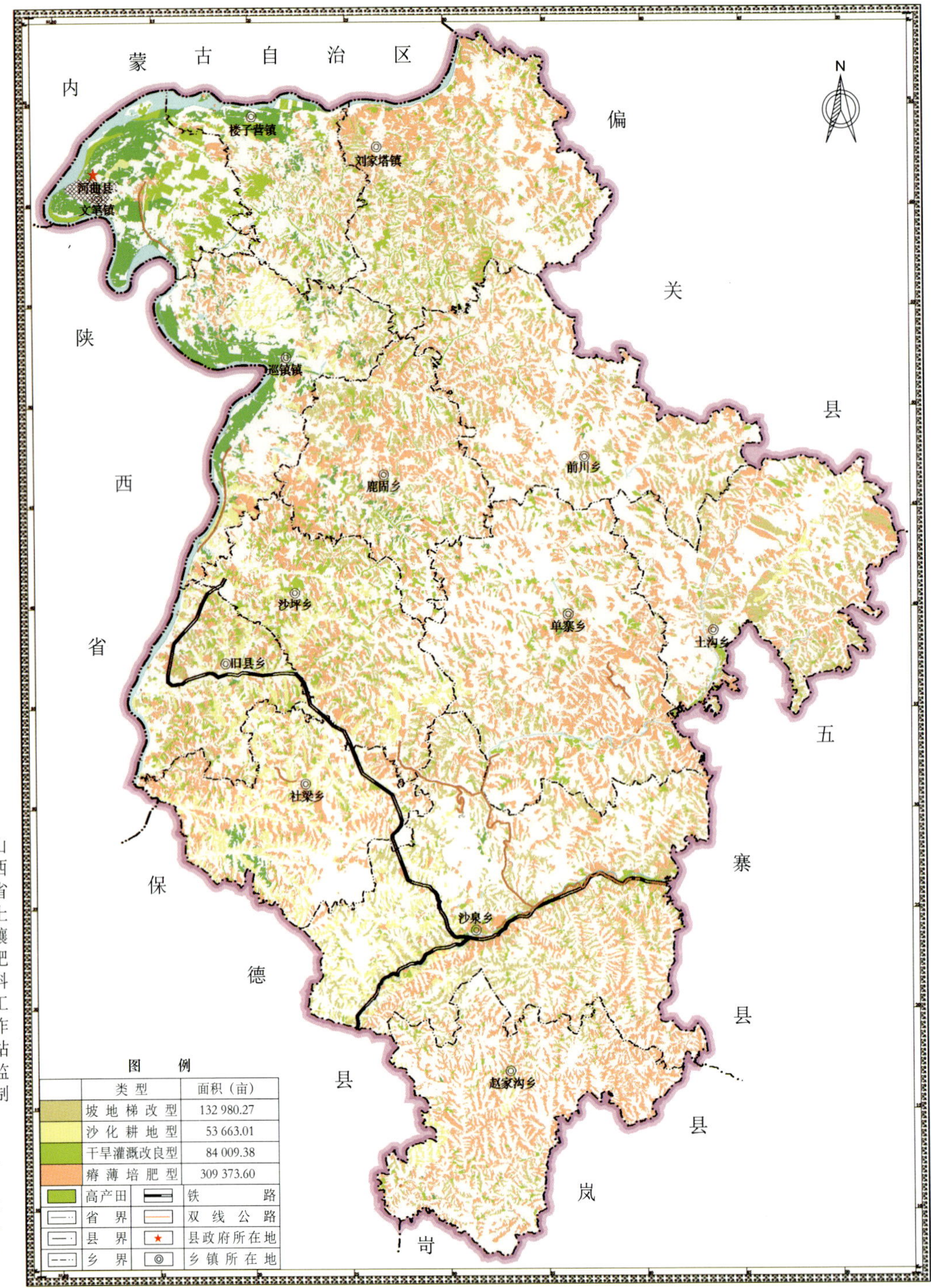

山西省土壤肥料工作站监制
山西农业大学资源环境学院承制　二〇一〇年十月

1954 年北京坐标系
1956 年黄海高程系
高斯—克吕格投影

比例尺　1 ： 300 000